识别 真伪 中国 家具

胡德生 著

辽宁人民出版社

U0208655

© 胡德生　2016

图书在版编目（CIP）数据

中国家具真伪识别：新版 / 胡德生著. —3版. —沈阳：
辽宁人民出版社，2016.8
　ISBN 978-7-205-08676-3

　Ⅰ.①中… Ⅱ.①胡… Ⅲ.①家具—鉴别—中国—
明清时代 Ⅳ.①TS666.204

　　中国版本图书馆 CIP 数据核字（2016）第 182341 号

出版发行：辽宁人民出版社
　　　　　地址：沈阳市和平区十一纬路 25 号　邮编：110003
　　　　　电话：024-23284321（邮　购）　024-23284324（发行部）
　　　　　传真：024-23284191（发行部）　024-23284304（办公室）
　　　　　http://www.lnpph.com.cn
印　　刷：朝阳铁路印务有限公司
幅面尺寸：168mm×236mm
印　　张：7
字　　数：100 千字
出版时间：2016 年 8 月第 3 版
印刷时间：2016 年 8 月第 3 次印刷
责任编辑：那荣利　常　策
装帧设计：丁末末
责任校对：黄　昆
书　　号：ISBN　978-7-205-08676-3
定　　价：38.00元

出版者的话

　　俗语说："乱世黄金，盛世收藏。"改革开放给中国人民的物质生活带来了全面振兴，更使中国艺术品投资市场日见红火，且急遽升温，如今可以说火爆异常。据说，北京故宫博物院以2200万元人民币在拍卖行购得的起初传为晋索靖的《出师颂》，原收藏者是花5000元人民币在市场购买的；据报道，上海博物馆花450万美元征集到的北宋《淳化阁帖》，原收藏者是在香港市场花30万美元购进的……一个普通的杯子，它再有科技含量，也只不过几元或几十元而已；然而，同样是喝水用的杯子，倘若是康熙或乾隆用过的，其身价就会是几万或几十万元！艺术品投资确实存在着巨大的利润空间，这个空间让所有人闻之而心动不已。于是乎，许多有投资远见的实体与个体（无论财富多寡）纷纷加盟艺术品投资市场，成为艺术品收藏的强劲之旅，艺术品投资市场也因此而充满了勃勃生机。

　　艺术有价，且利润空间巨大，艺术品确实值得投资！然而，造假最凶的、伪品泛滥最严重的领域也当属艺术品投资市场。可以这样说：艺术品投资的首要问题不是艺术品目前价格与未来利益问题，而应该说是真伪问题，或者更确切地说是如何识别真伪的问题！如果真伪问题确定不了，艺术品的价值与价格就无从谈起。众所周知，以2999万元人民币成交的所谓米芾《研山铭》、以1800万元人民币成交的所谓张谧《十咏图》、以2200万元成交的传为索靖《出师颂》之所以在社会上引起广泛的争议，甚至闹得沸沸扬扬，首要的原因就是真伪问题。

为了解决这一问题，更为了在艺术品投资领域仍然孜孜以求、乐此不疲的广大投资者的实际投资需要，我们特邀请国内既研究艺术品投资市场、又在艺术品本身研究上颇有见地的专家编写了这套"艺术品投资市场指南"，以文图并茂的形式详细阐述了真伪艺术品的种类、特征、分布以及工艺等等。目的无他，唯希望钟情于艺术品市场的广大投资者能够多一点理性思维，把握沙里淘金的方式方法，进而缩短购买真品的过程，减少购买假货的数量。如果本"丛书"让广大的投资者在投资后多一点"高兴"而少一点"败兴"，我们会为之倍感欣慰。

辽宁人民出版社

前言

　　如今写书，多数都要在目录前安排一篇序言，且多由上级领导或行内权威人士执笔。这样做不仅可以提高该书的档次，还可以借名人效应提高销售量。本人十年前写的第一本书《中国古代家具》，曾请朱家溍、王世襄两位先生各写一篇序言（王先生还为拙作题写了书名），两篇序中都有对作者的褒奖之词，也使该书增色生辉。该书问世后，半年之内竟然重印三次，此种情形，自然是年轻作者乐此不疲的追求。而如今，时过境迁，我所崇敬的朱家溍先生前不久辞世而去，王世襄先生虽还健在，也已九十高龄。回想起先生多年对我的帮助和指导，我自愧无以报答先生，更不忍心再去麻烦他老人家。出于这种原因，只好借用此前言自己表白自己了。

　　给家具作鉴定和辨伪并不是一件容易事，你必须对历史上各时期家具有全面了解，掌握各时期家具的造型、纹饰、色彩、做工的不同特点，再具体到某件家具上，才能正确判别这件家具在其所处品类中的地位。要宏观分析，微观评判，每下一个结论，都必须有确凿的依据。举个例子，现在市场上常有人说某家收藏的黄花梨家具是明代中期的或明代初期的，有的甚至还说自己的硬木家具是元代的，我曾见过一位家具收藏者，称其有四十多件唐代至元代家具,可谓荒唐之极。实际上中国硬木家具的出现应在明代隆庆、万历之后,在这以前人们使用的家具基本都是大漆家具。明代隆庆、万历所处的时期属于明后期,明代从开国到灭亡总共276年,而隆庆至崇祯只有77年。这个论断可从两个方面证实:一是明代嘉靖年以前的史料还未发现有黄花梨家具和紫檀木家具等硬木家具的记载;二是嘉靖年曾抄没当时大贪官严嵩的家产,有一份详细的清单,记录在《天水冰山录》一书中。这份清单中记录有如下内容:

一应变价螺钿彩漆等床		
螺钿雕漆彩漆大拔步床	五十二张	每张估价银一十五两
雕嵌大理石床	八张	每张估价银八两
彩漆雕漆拔步中床	一百四十五张	每张估价银四两三钱
椐木刻诗画中床	一张	估价银五两
描金穿藤雕花凉床	一百三十张	每张估价银二两五钱
山字屏风并梳背小凉床	一百三十八张	每张估价银一两五钱
素漆花梨木等凉床	四十张	每张估价银一两
各样大小新旧木床	一百二十六张	共估价银八十三两三钱五分

一应变价桌椅橱柜等项		
桌	三千零五十一张	每张估价银二钱五分
椅	二千四百九十三把	每张估价银二钱
橱柜	三百七十六口	每口估价银一钱八分
杌凳	八百零三条	每条估价银五分
几并架	三百六十六件	每件估价银八分
脚凳	三百五十五条	每条估价银二分
素漆木屏风	九十六座	
新旧围屏	一百八十五座	
木箱	二百零二只	
衣架、盆架、鼓架	一百零五个	
乌木箸	六千八百九十六双	

以上即严嵩家所有的家具，除了素漆花梨木床40张和乌木箸6896双之外，别无硬木家具的记载，而螺钿雕漆彩漆家具倒不在少数。从其价钱看，也并非贵重之物。再从严嵩的身份和地位看，严嵩在抄没家产之前身为礼部和吏部尚书，后又以栽赃陷害手段排斥异己，进而获得内阁首辅的要职，在他的家里若没有紫檀、黄花梨、铁梨、乌木、鸡翅木等硬木家具，那么民间就更不用提了。再联系到皇宫中，估计也是不会有的。硬木家具没有，柴木家具肯定是有的，只是档次较低，不进史籍而已，且柴木家具也是无法保留到现在的。如此就给高档硬木家具划出一个明确的时段，虽不能绝对地说，但可以基本地说：明代隆庆、万历以前没有高档硬木家具。

明末范濂《云间据目钞》的一段记载也可证明隆庆、万历以前没有硬木家具。书中曰："细木家具如书桌、禅椅之类，予少年时曾不一见，民间止用银杏金漆方桌。自莫廷韩与顾宋两家公子，用细木数件，亦从吴门购之。隆万以来，虽奴隶快甲之家皆用细器。而徽之小木匠，争列肆于郡治中，即嫁妆杂器俱属之矣。纨绔豪奢，又以榉木不足贵，凡床橱几桌皆用花梨、瘿木、相思木与黄杨木，极其贵巧，动费万钱，亦俗之一靡也。尤可怪者，如皂快偶得居止，即整一小憩，以木板装铺庭蓄盆鱼杂卉，内则细桌拂尘，号称书房，竟不知皂快所读何书也。"这条史料不仅可以说明嘉靖以前没有硬木家具，还说明使用硬木家具在明末时已形成一种时尚。发生这种变化的原因，除当时经济繁荣的因素之外，更重要的是隆庆年间开放海禁，使南洋及印度洋的各种优质木材大批进入中国市场。

关于辨伪问题，我的认识也许和大家不太一致。现在好多人认为古代的旧物才是真，而新仿者一律被视为假或伪，这种认识是极端错误的。举个例子，我们用真材实料依明代家具样式仿制一件，工艺水平也接近或达到原件标准，我们就无理由说它是假品或伪品。如果有人别有用心硬说它是明代家具时，它才具有了假的内涵。"伪"倒是普遍存在的，它是指那些偷工减料、粗制滥造的粗俗家具。这些粗俗家具不仅损坏了中国传统家具的声誉，影响外贸出口，也直接损害了消费者的切身利益。

伪品当中还包括一种不伦不类的作品，有的甚至让你啼笑皆非。笔者曾见过一尊木雕弥勒佛，论雕刻水平也还不错，遗憾的是这位雕工没有一点文化知识：他不仅把财神爷的金元宝送给了弥勒佛，又把老寿星的拐棍儿也送给了弥勒佛，于是这弥勒祖师就成了左手托着金元宝，右手拄着拐棍儿的形象。还有的作品将"五蝠捧寿"雕成六蝠捧寿，龙角雕成绵羊角，龙爪雕成鸡爪等等，给社会提供不少笑料。笔者真诚地奉劝各位从事各项手工艺技术的朋友们，当以弘扬中华民族优秀文化为己任，多学点传统文化知识，多创作些艺术精品，为现代化中国的物质文明和精神文明做出应有的贡献。

胡德生

2003 年 11 月 1 日

目录

一、研究中国古代传统家具的目的和意义

　　我国家具艺术历史悠久，有文字可考和形象可证的已有三千多年，至于有关家具的传说那就更早了。自从有了家具，它就和人们朝夕相处，在人们生活中必不可少，成为社会物质文化生活的一部分。随着人们起居形式的变化和历代匠师们的逐步改进，到明清时期，家具已发展为高度科学性、艺术性及实用性相结合的优秀生活用具，不但为国人所珍视，在世界家具体系中也独树一帜，享有盛名，被誉为东方艺术的一颗明珠。它象征了一个国家和民族经济、文化的发展，并在一定程度上反映着一个国家、民族的历史特点和文化传统。

　　家具作为一种器物，不仅仅是单纯的日用品和陈设品，它除了满足人们的起居生活外，还具有丰富的文化内涵。如：家具与建筑的关系，家具与人体自然形态的关系，彩绘艺术、雕刻艺术在家具上的体现，表明家具是多项艺术的综合载体。家具的装饰题材，生动形象地反映了人们的审美情趣、思想观念以及思维方式和风俗习惯。在家具的组合与使用方面，几千年来，它始终与严格的传统礼制风俗和尊卑等级观念紧密结合。家具的使用最初主要是祭祀神灵和祖先，后来逐渐普及到日常使用，但只是局限在老人和有权势的贵族阶层。家具的造型、质地、装饰题材，也有着严格的等级、名分界限。概括起来说，中国古代家具的组合与使用，是与优待老人和区分尊卑贵贱的礼节联系在一起的。我们今天保护古家具，能够了解古代人们日常生活及家具使用情况。古代家具的种类、造型、纹饰的变化，始终和社会的意识形态（如：思想观念、伦理道德观念、等级观念、审美观念以及各种风俗习惯等）紧密地联系着，形成系统的中华民族传统文化。这些古代文化传统一直潜移默

化地影响着后人，有的被作为中华优秀传统美德而流传至今。

家具艺术是20世纪80年代各项文化艺术发展形势下兴起的新学科，是中华文化艺术发展的产物。我们今天研究、借鉴、总结前人为我们留下的宝贵遗产，目的在于继承和发扬中华民族家具艺术，总结历史经验，为发展今日社会新型家具服务。这既是历史赋予我们的重大使命，也是我们宣传祖国历史文化知识、进行爱国主义教育的极好课题。

1989年，部分学者在北京成立了古典家具研究会，出版了会刊，陕西、上海先后办起了《家具》杂志，北京、山西、上海、香港、台湾地区以及美国均先后举办过古典家具的专题展览。随着古典家具的滚滚热浪，就目前形势来看，家具已成为继书画、陶瓷之后的第三大收藏品，这对古典家具的保护与研究无疑起到了巨大的推动作用。但另一方面，广大家具收藏者和爱好者们对古典家具的知识了解甚少，极易上当受骗。一些不法之徒还疯狂倒卖古旧家具出境，赚取不义之财。因此，迫切需要普及广大民众的古典家具知识，提高执法部门和验关鉴定部门对古典家具认知水平，使中国古典家具这一宝贵财富得到妥善保护。

二、明清家具收藏的兴起

　　在近年古玩市场上，古旧家具的收藏队伍异军突起。继书画、陶瓷之后，家具已成为第三大收藏品，形成了古典家具的收藏热。然而，这一现象却经历了一个曲折复杂的过程。明清家具历史价值和艺术价值不仅为国人所珍视，在世界家具体系中也独树一帜，而发现中国古典家具艺术价值并争相收藏的却是外国人。论及中国古家具的收藏，还应从清代初期说起。

　　明式家具造型简练、朴素、大方，大多从实用角度出发，讲究美观、舒适。其造型结构具有很高的科学性与艺术性，且材质珍贵，做工精细，享有盛誉。明朝灭亡后，皇宫内及各地王府内的家具大量流向社会，成为普通人家的生活用品。进入康熙时期，适逢西方传教士来华传教，看到了中国的明式家具，于是多方购买，运送回国，以为陈设品，一时形成热潮。形成这一热潮的原因是，16~17世纪欧洲文艺复兴后期，当时西方的巴洛克、洛可可式（或曰路易十四式、路易十六式）处于没落过时时期，当时的西方人，迫切寻求一种新的风格来代替它。这种风格，按西方人的要求，应是一种静中带动，动中有静的风格。而中国的明式家具恰恰完全具备了这种风格。据史料记载，当时（相当于中国清代的乾隆年间）英国有位名叫齐彭代尔的家具设计师，依据中国明式家具的原理，为英国王室设计了一套宫廷家具，曾经轰动整个欧洲。自此之后，中国明式家具在欧美各国开始享有很高的地位，在国际市场上价值一直没有降低过。

　　1928年，德国学者艾克来清华大学任教。艾克在华期间，悉心研究中国古典家具艺术，拍摄照片，绘制线图，在杨耀先生的帮助下，于1944年出版英文版《中国花梨家具图考》。随后涌现出杨耀先生、王世襄先生、朱家溍先生、陈梦嘉先生等一批有影响的收藏家，他们对中国古典家具学科的创立与发展做出了重大贡献。但少数人的力量是有限的，分散在民间的大量古家具并未引起广大民众的重视。

1966年"文化大革命"初期的"破四旧运动"中，古典家具遭到空前浩劫。在这场运动中，古典家具和其他艺术品一起，被宣布为"封、资、修产物"，被扫地出门。有的被当场劈了、烧了，有的被强迫集中。当时国子监的屋子里、院子里堆满了旧家具，任凭风吹日晒，雨水侵蚀。这一情况被有心的外国人看在眼里，认为这是个大好时机，于是通过正规外贸途径，主动向中国外贸机构订货。外贸机构则以很低的价钱大批大批地出口，为国家赚回了些许外汇。剩下的散架残件则被处理到工艺厂"古为今用"，有的做了秤杆，有的做了胡琴杆，有的做了算盘珠。十年后，"文革"结束，国家为在"文革"中受迫害的干部和知识分子落实政策，平反冤假错案，退还幸存的抄家物资，其中有相当部分古旧家具。由于当时住房特别紧张，无处摆放，更重要的是没有得到应有的重视，一些外国人又抓住这个时机，通过私人中介，收购古旧家具。此后私人中介逐渐演化成倒买倒卖的"倒爷"，他们深入城市、乡村，疯狂收购古旧家具，再转手高价卖给外国人，从中赚取高额利润。

1985年，王世襄先生的《明式家具珍赏》出版，对家具艺术的研究起到很大的推动作用，同时也带来很大的负面影响。一些唯利是图的败类们，利用王先生的书，按图索骥，猖狂走私、贩运古旧家具。这次走私潮比历次来得都猛，出境的大多都是精品，数量之大也是前所未有。经过这次走私狂潮，中国民间收藏的优秀家具流失殆尽。在这种情况下，王世襄先生多方奔走，呼吁制止古旧家具外流。经过不懈努力，终于由国家文物部门颁布了法律条文，明确规定黄花梨、紫檀、铁梨、乌木、鸡翅木及老红木(黑酸枝)等木材制品不得出口，才煞住了古旧家具走私之风。

在这场逆向运动中，中国的有识之士始终看在眼里，痛在心上。然而，在当时中国经济尚欠发达、中国人收入普遍不高的情况下，只得"望洋兴叹"。即使有一定经济实力，在外方许以卖主高额外汇的情况下，国内买主对上佳的古旧家具仍是可望而不可即。

1990年以后，国民经济快速增长，人民生活水平逐渐提高，收藏队伍不断扩大，掀起空前的古典家具收藏热。遗憾的是精品已少得可怜，充斥市场的多数为清末至民国时期的家具，而这些家具，无论从造型、结构、做工及艺术水平各方面，都与清中期以前的清式家具和明式家具相差甚远，在中国家具史中属于衰退没落时期的产物，对后来发展新型家具几乎没有可借鉴和参考的价值。

三、明清家具的种类及特征

　　明清家具按其质地分类可分为两大类：漆饰家具和硬木家具。漆饰家具从原始社会开始至明清乃至现代始终沿用不衰，可以贯穿中国家具史的始终。而紫檀、黄花梨等硬木家具则应是明代隆庆、万历以后的事了。如果有人说某件硬木家具是明代早期或明代中期，那是不可能的事情。明代从朱元璋洪武元年(1368年)算起至明朝灭亡(1644年)共计276年。而从隆庆至明末只有77年。据清初《天水冰山录》所记嘉靖年抄没严嵩家产清单看，抄没各类屏风281件，各种床640件，桌子3051张，椅子2493把，橱柜376口，杌凳803个，几、架366件，各类箱、盒、台架等共计662件，绝大多数为漆制品，或大理石制品。明确记载花梨木的只有小型盒子、笔筒、镇尺等不过12件。高级硬木只有乌木牌一副，乌木箸6896双，大件硬木家具则一件也没有。从宏观上看明代家具，漆饰家具应占绝大多数。漆饰家具在使用过程中极易磨损，不易保存，有时一件家具多次破损，屡经髹饰。所以常有这样的事情，有的家具看造型、风格较早，而漆面风格却很晚。为漆家具定时代主要看漆面特点和装饰风格，造型则在其次，因而这类家具往往被定得偏晚。另一个原因是漆家具胎骨都用较轻质的木材制成，不可能延续太长时间，故此传世品极少。

　　若按其使用功能大体可分为卧具类（床榻）、坐具类（椅凳）、起居用具类（桌案）、存贮用具类（箱柜）、屏蔽用具类（屏风）、悬挂及承托用具类（台架）等六个门类。

❶ 床榻类

明代床榻又分架子床、拔步床、罗汉床三种。

架子床：因床上有顶架而得名，一般四角安立柱，床面两侧和后面装有围栏。上端四面装潢楣板，顶上有盖，俗名"承尘"。围栏常用小木块做榫拼接成各式几何图样。也有的在正面床沿上多安两根立柱，两边各装方形栏板一块，名曰"门围子"，正中是上床的门户。更有巧手把正面用小木块拼成四合如意，中间夹"十"字，组成大面积的棂子板，中间留出椭圆形的月洞门，两边和后面以及上架横楣也用同样做法做成。床屉分两层，用棕绳和藤皮编织而成，下层为棕屉，上层为藤席，棕屉起保护藤席和辅助藤席承重的作用。藤席统编为胡椒眼形。四面床牙浮雕螭虎龙等图案。牙板之上，采用高束腰的做法，用矮柱分为数格，中间镶安绦环板，浮雕鸟兽、花卉等纹饰。而且每块与每块之间无一相同，足见做工之精。这种架子床也有单用棕屉的，做法是在四道大边里沿边槽打眼，把屉面四边的棕绳的绳头用竹楔镶入眼里，然后再用木条盖住边槽。这种床屉因有弹性，使用起来比较舒适。在我国南方各地，直到现在还很受欢迎。北方因气候条件的关系，喜欢用厚而柔软的铺垫，床屉的做法大多是木板加藤席。

拔步床：是一种造型奇特的床，好像把架子床安放在一个木制平台上，平台前沿长出床的前沿两三尺。平台四角立柱，镶安木制围栏。还有的在两边安上窗户，使床前形成一个廊子。床前的两侧还可

图1 明 架子床

以放置桌、凳等小家具，用以放置杂物。这种带顶架的床多在南方使用，南方温暖而多蚊蝇，床架的作用是为了挂帐。 图 2 北方天气寒冷，一般多睡暖炕，即使用床为达到室内宽敞明亮，只需在左右和后面装上较矮的床围子就行了。

罗汉床：也就是我们通常所说的榻，它是由汉代的榻逐渐演变而来的。 图 3 榻，本是专门的坐具，经过五代和宋元时期的发展，形体由小变大，成为可供数人同坐的大榻。已经具备了坐和卧两种功能。后来又在坐面上加了围子，成为罗汉床。罗汉床，是专指左、右及后面装有围栏的一种床。围栏多用小木块做榫拼接成各式几何纹样。最素雅者用三块整板做成，后背稍高，两头做出阶梯形曲边，拐角

图 2 明 拔步床

图 3 明 罗汉床

处做出软弯圆角。既典雅又朴素。这类床型制有大有小，通常把较大的叫"罗汉床"，较小的叫"榻"，又称"弥勒榻"。这种罗汉床不仅可以作卧具，也可以用为坐具。一般正中放一炕几，两边铺设坐垫、隐枕，放在厅堂待客，作用相当于现代的沙发。而罗汉床当中所设的炕几，作用相当于现代两个沙发之间的茶几。这种炕几在罗汉床上使用，既可依凭，又可陈放器物。可以说罗汉床是一种坐卧两用的家具。或者说，在寝室供卧曰"床"，在厅堂供坐曰"榻"。按其主流来讲，则大多用在厅堂待客，是一种十分讲究的家具。

还有一种更小的床，除形体多较小外，论造型、结构与大型床榻没什么区别，它只能供坐，不能供卧，俗称"床式椅"，明清皇宫中称其为"宝座"，在皇室和各王宫大臣的殿堂里都陈设这种宝座。这种宝座都是单独陈设，很少成对，且都摆在殿堂中的重要位置。宫廷中多摆在正殿中间，和屏风、香几、宫扇、香筒、甪端等组合陈设，显得异常庄重、严肃。

❷ 椅凳类

明清时期的椅凳形式很多，名称也很多。如：宝椅，交椅，圈椅，官帽椅，靠背椅，玫瑰椅等；凳类则有大方凳，小方凳，长条凳，长方凳，圆凳，五方，六方，梅花，海棠等式；还有各种形式的绣墩。

宝椅：是一种形体较大的椅子，宫廷中称"宝座"，多陈设在各宫殿的正殿明间，为皇帝和后妃们所专用，有时也放在配殿或客厅，一般放在中心或显著位置。这类大椅很少成对，都是单独陈设。明代《遵生八卦》说："默坐凝神，运用需要坐椅，宽舒可以盘足后靠，使筋骨舒畅，气血流行。"说的就是这种椅子。《长物志》说："椅之制最多，曾见元螺钿椅，大可容二人，其制最古，乌木嵌大理石者，最称贵重。然宜须照古式为之。总之，宜阔不宜狭。"也是指的这种椅子。

宝座的造型、结构和罗汉床相比并没有什么区别，只是形体较罗汉床小些。有人说是由床演化来的，也确实有一定的道理。

交椅：交椅的结构是前后两腿交叉，交接点作轴，上横梁穿绳带，可以折合，上面安一栲栳圈儿。因其两腿交叉的特点，遂称"交椅"。**图 4** 明清两代通常把带靠背椅圈的称交椅，不带椅圈的称"交杌"，也称"马扎儿"。它们不仅可在室内使用，外出时还可携带。宋、元、明至清代，皇室贵族或官绅大户外出巡游、狩猎，都带着这种椅子。如《明宣宗行乐图》中就描绘着这种椅子，为我们提供了可靠的依据。

圈椅：圈椅 **图5** 是由交椅发展和演化而来的，圈椅的椅圈后背与扶手一顺而下，就座时，肘部、臂部一并得到支撑，很舒适，颇受人们喜爱，逐渐发展成为专门在室内使用的坐具。它和交椅的不同之处是不用交叉腿，而采用四足，以木板做面。和平常椅子的底盘无大区别，只是椅面以上部分还保留着交椅的形态。这种椅子大多成对陈设，单独使用的不多。

圈椅的椅圈因是弧形，所以用圆材较为协调。圈椅大多只在背板正中浮雕一组简单的纹饰，但都很浮浅。背板都做成"S"形曲线，它是根据人体脊背的自然曲线设计的，这是明式家具科学性的一个典型例证。明代后期，有的椅圈在扶手尽端的卷云纹外侧保留一块本应去掉的木材，透雕一组卷草纹，既美化了家具，又起到格外加固作用。明代对这款椅式极为推崇，因此，当时人们多把它称为"太师椅"。更有一种圈椅的靠背板高出椅圈并稍向后卷，可以搭头。也有的圈椅椅圈从背板两侧延伸通过后边柱，但不延伸下来，这样就成了没有扶手的半圈椅了，可谓造型奇特，新颖别致。

南官帽椅：官帽椅是依其造型酷似

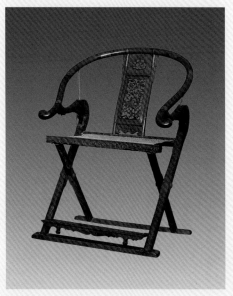

图4 明 黄花梨交椅

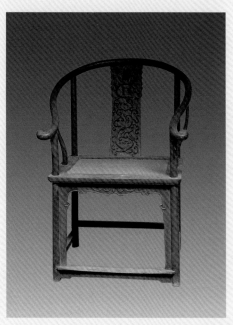

图5 明 黄花梨圈椅

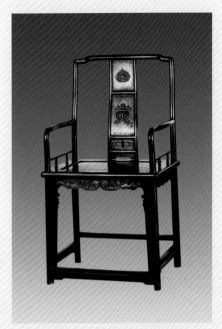

图6 明 黄花梨南官帽椅

图7 明 黄花梨四出头式官帽椅

古代官员的帽子而得名。 图6 又分南官帽椅和四出头式官帽椅。南官帽椅的造型特点是在椅背立柱与搭头的衔接处做出软圆角。做法是将立柱做榫头，搭头两端的接合面做榫窝，俗称"挖烟袋锅"。将头横压在立柱上。椅面两侧的扶手也采用相同做法。正中靠背板用厚材开出"S"形，它是依据人体脊椎的自然曲线设计而成的。这种椅型在南方使用较多，常见多为花梨木制，且大多用圆材，给人以圆浑、优美的感觉。

四出头式官帽椅：椅背搭头和扶手的拐角处不是做成软圆角，而是搭头和扶手在通过立柱后继续向前探出，尽端微向外撇，并磨成光润的圆头。除此之外，其他均与南官帽椅相同。 图7

玫瑰式椅：这种椅子在宋代名画中曾有所见，明代更为常见，是一种造型别致的椅子。玫瑰椅实际上属于南官帽椅的一种。它的椅背通常低于其他各式椅子，与扶手高度相差无几。在室内临窗陈设，椅背不高过窗台，配合桌案使用又不高过桌沿。由于这些与众不同的特点，使并不十分实用的玫瑰椅备受人们喜爱，并广为流行。玫瑰椅的名称在北京匠师们的口语中流行较广，南方无此名，而称这种椅子为"文椅"。

玫瑰椅或谓文椅，目前还未见史书记载，只有《鲁班经》一书中有"瑰子式椅"的条目。但是否指的是玫瑰椅，还不能确定。

"玫瑰"二字一般指很美的玉石，司马相如《子虚赋》："其石则赤玉玫瑰。"《急就篇》："璧碧珠玑玫瑰瓮。"都指的是美玉。单就"瑰"字讲，一曰"美石"，一曰"奇伟"，即珍贵的意思。《后汉书·班固·西都赋》："因瑰材而究奇，抗应龙之虹梁。"都以"瑰"谓奇异之物。从风格、特点和造型来看，玫瑰椅的确独具匠心，这种椅子的四腿及靠背扶手全部采用圆形直材，确实较其他椅式新颖、别致，达到了珍奇美丽的效果。用"玫瑰"二字称呼椅子，当是对这种椅子的高度赞美。 **图 8**

图 8 明 黄花梨玫瑰椅

靠背椅：是指光有靠背没有扶手的椅子，有一统碑式和灯挂式两种。一统碑式的椅背搭头与南官帽椅相同。灯挂式椅的靠背与四出头式相同，因其横梁长出两侧立柱，又微向上翘，犹如挑灯的灯杆，因此名其为"灯挂椅"。这种椅型较官帽椅略小，特点是轻巧灵活，使用方便。

杌凳：杌凳是不带靠背的坐具，明式杌凳大体可分为方、长方和圆形几种。杌

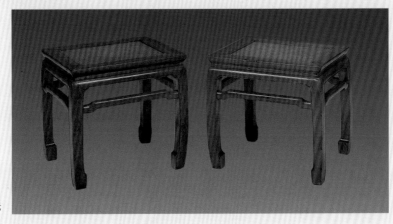

图 9 明
黄花梨方凳

和凳属同一器物，没有截然不同的定义。

机凳又分有束腰和无束腰两种形式。有束腰的都用方材，很少用圆材；而无束腰机凳是方材、圆材都有。有束腰者可用曲腿，如鼓腿彭牙方凳；而无束腰者都用直腿。有束腰者足端都做出内翻或外翻马蹄；而无束腰者的腿足无论是方是圆，足端都很少做装饰。 **图 9、10**

凳类中有长方和长条两种，长方凳的长、宽之比差距不大，一般统称方凳。长

图10 明 黄花梨大方机

宽之比在2比1至3比1左右，可供二人或三人同坐的多称为条凳，坐面较宽的称为春凳。古代绘画中描绘男女交欢多有此凳，故名"春凳"。由于坐面较宽，还可作矮桌使用，是一种既可供坐又可放置器物的多用家具。条凳坐面细长，可供二人并坐，腿足与牙板用夹头榫结构。一张八仙桌，四面各放一长条凳，是城市店铺、茶馆中常见的使用模式。

明式圆凳造型敦实凝重，三足、四足、五足、六足均有，以带束腰的占多数。三腿者大多无束腰，四腿以上者多数有束腰。圆凳与方凳的不同之处在于方凳因受角的限制，面下都用四足；而圆凳不受角的限制，最少三足，最多可达八足。

绣墩：也是一种无靠背坐具，它的特点是面下不用四足，而采用攒鼓的做法，形成两端小中间大的腰鼓型。上下两边各雕弦纹一道和象征固定鼓皮的乳钉。为便于提携，在中间开出四个海棠式鱼门洞。因其造型似鼓，而名其为"花鼓墩"。 **图 11**

绣墩除木制外，还有草编、竹编、藤编、彩漆、雕漆、陶瓷等多种质地。造型多样，色彩纷呈，陈设厅堂，绚丽多彩。

图11 明 五彩瓷绣墩

❸ 桌案类（附香几、炕桌、炕几）

桌子大体可分为有束腰和无束腰两种类型。有束腰家具是在面下装饰一道缩进面沿的线条，有高束腰和低束腰。低束腰的牙板下一般还要安罗锅枨或霸王枨，否则须在足下装托泥，起额外加固作用。高束腰家具面下装矮佬分为数格，四角露出四腿上节，与矮佬融为一体，矮佬间装绦环板，下装托腮，绦环板板心浮雕各种图案或镂空花纹。高束腰不仅是一种装饰手法，更重要的是拉大了牙板与桌面的距离，有效地固定了四足，因而牙板下不必再有过多的辅助构件。有束腰桌子无论低束腰还是高束腰，它们的四足都削出内翻或外翻马蹄，有的还在腿的中部雕出云纹翅，这已成为有束腰家具的一个基本特征。 图 12、13、14、15

图12 明 黄花梨有束腰条桌

图13 明末清初 紫檀无束腰条桌

图14 明 黄花梨展腿式方桌

图15 明 黄花梨一腿三牙方桌

　　案的造型有别于桌子，突出表现为案的腿足不在面沿四角，而在案面两侧向里缩进一些的位置上。案面两端有翘头和平头两种形式，两侧腿间大都镶有雕刻各种图案的板心或各式圈口。案足有两种做法，一种是案足不直接接地，而是落在长条形托泥上。另一种不带托泥，腿足直接接地，并微向外撇。案腿上端开出夹头榫或插肩榫，前后各用一块通长的牙板把两侧案腿贯通起来，共同支撑着案面，两侧的案腿都有明显的叉脚。**图 16、17**

　　还有一种与案稍有不同的形式，其两侧腿足下不带托泥，也无圈口及雕花挡板，而是在两侧腿间平装两道横枨。这类家具，如果案面两端带翘头，那么无论大

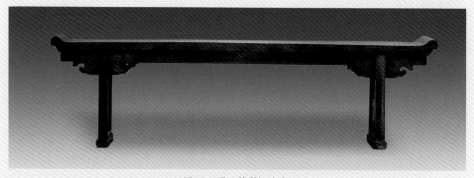

图16　明　铁梨翘头桌

图17　清前期　棕竹包镶平头桌

图18 清初 黑漆案形结体长桌

图19 明 黄花梨荷叶式面香几

小都称为案；如果不带翘头，人们习惯把较大的称为案，较小的则称为桌。其实，严格说来还应称案，因其在造型和结构上具备案的特点较多。王世襄先生经过多年研究，归纳出腿足在板面四角的属"桌形结体"，四足不在板面四角而在两端缩进一些位置的称"案形结体"。

　　香几，是专门用来置炉焚香的家具，一般成组或成对。佛堂中有时五个一组用于陈设上供，个别时也可单独使用。古代书室中常置香几，用于陈放美石花樽，或单置一炉焚香。型制多为三弯腿，整体外观似花瓶。 图 19

　　炕桌 图 20 、炕案 图 21 、炕几 图 22 ，都属低型家具，它们因为多

图20 清中期
紫檀炕桌

图21　清初　紫檀炕案

图22　清　紫檀竹节炕几

图23　明　黄花梨连三橱

在炕上和床上使用，故都冠以炕字，属于床榻之上的附属家具。通常在床榻正中放一炕桌，两边坐人，作用相当于现代的茶几。

❹ 橱柜类

橱柜类是居室中用于存放衣物的家具。除了橱、柜外，还有箱子、架格等也归属在这一类里。

橱：橱的形体与案相仿，有案形和桌形两种。面下装抽屉，二屉称连二橱，三屉称连三橱，有的还在抽屉下加闷仓。上平面保持了桌案的形式，但在使用功能上较桌案发展了一步。

柜：是指正面开门，内中装屉板，可以存放多件物品的家具。门上有铜饰件，可以上锁。

橱柜：是将橱和柜两种功能结合在一起的

家具，等于在橱的下面装上柜门，具有橱、柜、桌案三种功能。**图 24** 橱柜也分桌形和案形两种，案形中又分平头和翘头两种形式。

　　顶竖柜：明代较常见的一种柜，由底柜和顶柜组成，一般成对陈设，又称四件柜。这种柜因有时

图24　明　黄花梨连三柜橱

并排陈设，为避免两柜之间出现缝隙，因而做成方正平直的框架。**图 25**

　　圆角柜：又可写作圆脚柜。**图 26** 圆角柜的侧脚收分明显，对开两门，板心通常以纹理美观的整块板镶成，两门中间有活动立栓，配置条形面叶，北京人俗称"面条柜"。这类柜子两门与柜框之间不用合叶，而采用门轴的做法。

图25　明　黄花梨顶竖柜

图26　明　黄花梨圆角柜

图27　明　黑漆描金龙纹书格

图28　明　黄花梨亮格柜

书格：即存放书籍的架格，正面大多不装门，只在每层屉板的两端和后沿装上较矮的栏板，目的是把书挡齐。正面中间装抽屉两具，是为加强整体柜架的牢固性，同时也增加了使用功能。 **图 27**

亮格柜：是集柜、橱、格三种形式于一体的家具。 **图 28** 下面对开两门，内装膛板，分为上下两层。柜门之上平设抽屉两至三个。再上为一层或二层空格，正面和两侧装一道矮栏，下部存放什物，上部陈放几件古器，则使居室备觉生辉。

图29　明　黑漆描金龙纹箱

用于存贮什物的还有箱子， **图 29** 一般形体不大，多用于外出时携带，两边装提环。由于搬动较多，箱子极易损坏，为达到坚固目的，各边及棱角拼缝处常用铜叶包裹。正面装铜质面叶和如意云纹拍子、钮头等，可以上锁。较大一些的箱子，常在室内接地摆放，为避免箱底受潮，多数都配有箱座，也叫"托泥"。

箱类中还有一种称为"官皮箱"的，也是一种外出旅行用的存贮用具。 图 30 其形体较小，打开箱盖，内有活屉，正面对开两门，门内设抽屉数个，柜门上沿有仔口，关上柜门，盖好箱盖，即可将四面板墙全部固定起来。两侧有提环，正面有锁匙，是明代家具中特有的品种。

图30 明 黄花梨木官皮箱

❺ 屏风类

明代屏风大体可分为座屏风和曲屏风两种。座屏风又分多扇和独扇。多扇座屏风分三、五、七、九扇不等，规律是都用单数，每扇用活榫连接，屏风下的插销插在"／＼"形底座上，屏风上有屏帽连接。

独扇屏风又名插屏， 图 31 是把一扇屏风插在一个特制的底座上。底座用两条纵向木墩，正中立柱，两柱间用两道横梁连接。正中镶余腮板或绦环板，下部装披水牙。两条立柱前后有站牙抵夹。两立柱里口挖槽，将屏框对准

图31 明 黄花梨木大插屏

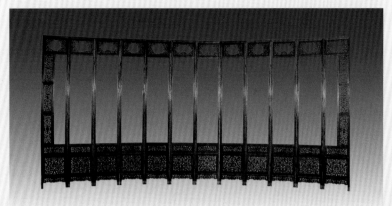

图32 明 黄花梨木屏风

凹槽，插下去落在横梁上，屏框便与屏座连为一体。这类屏风有大有小，大者可以挡门，小者可以摆在案头用以装饰居室。

　　曲屏风属活动性家具，每扇之间或装钩纽，或裱绫绢，可以随意折合，用时打开，不用时折合收贮起来，其特点是轻巧灵便。基于上述原因，这类屏风多用较轻质的木料做边框，屏心用纸、绢裱糊，并彩绘或刺绣各式图画等。有的用大漆髹饰，上面雕刻各式图画，做工、手法多种多样。 **图 32** 由于纸绢难以流传至今，现存明代传世作品以木制和漆制为多，纸绢制屏风极为少见。

❻ 台架类

　　指日常生活中使用的悬挂及承托用具，主要包括衣架、盆架、灯台、梳妆台等。

　　衣架：即用于悬挂衣服的架子，一般设在寝室内，外间较少见。古人衣架与现代常用衣架不同，其形式多取横杆式。 **图 33** 两侧有立柱，下有墩子木底座。两柱间有横梁，当中镶中牌子，顶上有长出两柱的横梁，尽端圆雕龙

图33 明 黄花梨木衣架

头。古人多穿长袍，衣服脱下后就搭在横梁上。

    盆架：分高低两种。高面盆架是在盆架靠后的两根立柱通过盆沿向上加高，上装横梁及中牌子，可以在上面搭面巾；　图 34　另一种是不带巾架，几根立柱不高过盆沿。两种都是明代较为流行的形式。

    灯台：灯台属坐灯用具，常见为插屏式，较窄较高，上横框有孔，有立杆穿其间，立杆底部与一活动横木相连，可以上下活动。立杆顶端有木盘，用以坐灯。为防止灯火被风吹灭，灯盘外都要有用牛角制成的灯罩。

    梳妆台：又名镜台，　图 35　形体较小，多摆放在桌案之上。其式如小方匣，正面对开两门，门内装抽屉数个，面上四面装围栏，前方留出豁口，后侧栏板内竖三至五扇小屏风，边扇前拢，正中摆放铜镜，不用时，可将铜镜收起，小屏风也可以随时拆下放倒。它和官皮箱一样，是明代常见的家具形式。

图 34　清初　硬木盆架　　　　　　图 35　明　黄花梨宝座式镜台

四、明清时期的漆家具

　　我国漆工艺术历史悠久，在商代遗址中多次发现描绘乃至镶嵌的漆器残件。在此之前，肯定还要经历一个发展过程。这说明，早在原始社会末期，我们的祖先就已认识并使用漆来涂饰日用器物，既保护了器物，又收到很好的装饰作用。几千年来，经过历代劳动人民的发展创新，到明清时期，漆工艺术已发展到14个门类，87个不同品种。这时期能工巧匠辈出，且有大批传世文物，在明清家具品类中，是不可忽视的一个方面。

　　故宫博物院是收藏中国古典家具最多的地方。除明清两代最受推崇的高档硬木家具外，还有相当一部分漆木家具，在传统家具体系中占有相当重要的位置。尤其是一部分有确切年款的，具有重要的参考价值。这批漆家具大体可分为如下13个品种。下面每个品种列举明清两代典型实例，分别向广大读者介绍。

❶ 单色漆家具

　　单色漆家具又称素漆家具，即以一色漆油饰的家具。常见有黑、红、紫、黄、褐诸色，以黑漆、朱红漆、紫漆最多。黑漆又名玄漆、乌漆。黑色本是漆的本色，故古代有"漆不言色皆谓黑"的说法。因此，纯黑色的漆器是漆工艺中最基本的做法，而其他颜色的漆皆是经过调配加工而成的。 **图 36**

　　例1 黑推光漆棋桌一件，明万历，桌面横84厘米，纵73厘米，高84厘米。桌面边缘起拦水线，活榫三联桌面，足合四分八。凸起罗锅枨式桌牙，正中桌面为活心板，绘黑地红格围棋盘。背面黄素漆地。盘侧镟圆口棋子盒2个，均有盖。内装黑白料制围棋子各1份。棋盘下有方槽，槽内左右装抽屉2个，内附雕玉牛牌24张，雕骨牌32张，骨骰子牛牌2份，纸筹2份，骰子筹等1份，均带木匣。文台途器1份，带木匣。锡钱两串。通体黑漆地，无款。从其漆色及做工来看，应为明万历时制品。

图36 明 黑漆棋桌

例2 黑素漆长桌一件，清初，长138.5厘米，高85厘米。

桌为长方形案形结体，四腿柱前后装牙板和牙头，两侧腿间装双枨。通体黑漆地，无任何装饰。纯黑色的漆器是漆工艺中最基本的做法。

制作素漆家具的做法，首先以较轻软的木材做成骨架（这是因为软质的木材容易着漆，而硬质木材不易着漆），然后涂生漆一道，趁其未干，糊麻布一层，用压子压实，使下层的生漆从麻布孔中透过来。干后，上漆灰腻子，一般上两到三遍，分粗灰、中灰、细灰，每次都须打磨平整。再上所需色漆数遍，最后上透明漆，即为成器。其他各类漆器均在素漆家具的基础上进行。

❷ 雕漆家具

雕漆家具是在素漆家具上反复上漆，少则八九十道，多则一二百道。每次在八成干时漆下一道，油完后，在表面描上画稿，以雕刻手法装饰所需花纹。然后阴干，使漆变硬。雕漆又名剔漆，有红、黄、绿、黑几种，以红色最多，又名剔红。**图 37**

例1 剔红牡丹花香几一件，明宣德，面方43厘米，肩宽45厘米，托泥最宽57厘米，通高84厘米。

几面做正方银锭委角式，边起拦水线，下承束腰，拱肩直腿带托泥。通体剔红串枝牡丹花纹。几面双飞孔雀串枝牡丹，凹心回纹锦地边。四面牙板开壶门

图37　清　红雕漆官皮箱

形曲边，鹤腿蹼足带托泥。侧脚收分明显，极具稳定感。黑素漆里，刻"大明宣德年制"款。此器颜色鲜红，刻工精炼，孔雀和花卉生动饱满，刀法亦保持藏锋圆润的特点。为明代大件剔红器物中稀见之物。

例2　红雕漆炕几一件，清乾隆，横94.5厘米，纵25.5厘米，高34.5厘米。

此几长方形，通体以剔红手法满布花纹。几面回纹边，中心浮雕拐子纹及西洋卷草。正中点缀蝙蝠及鲇鱼，侧沿及腿浮雕蝠、桃及拐子纹。镂空拐子纹托角牙。两侧开光洞，下端上翻云头，海水纹托泥。几里正中刻"大清乾隆年制"款。

❸ 描金漆家具

描金漆家具，是在素漆家具上用半透明漆调彩漆描画花纹，然后放入温湿室，待漆干后，在花纹上打金胶（漆工术语曰：金脚），用细棉球着最细的金粉贴在花纹上。这种做法又称"理漆描金"，如果是黑漆地，就叫黑漆理描金，如果是红漆，就叫红漆理描金。黑色漆地或红色漆地，与金色的花纹相衬托，形成绚丽华贵的气派。 图 38

例1　黑漆描金龙箱式柜一件，明万历，横73厘米，纵41.5厘米，高63厘米。

柜上开盖，盖内有屉，前沿有插销，可管住两门间的活插栓。柜盖四周描金行龙，间布串枝牡丹花。柜盖下横梁及柜门四角描金斜方格枣花锦。当中开光，描金行龙及朵云。门心及两山、后背、盖面菱形开光，描金双龙戏珠，一升一降，间布缠枝花。开光外侧四角，饰缠枝莲花。下侧有突出柜身的柜座。在插门内横梁正中有描金"大明万历年制"楷书款。

例2　黑漆描金龙纹药柜一对，明万历（北京故宫和中国历史博物馆各存其一），柜横78.8厘米，纵57厘米，高94.5厘米。

柜取齐头立方式，两扉中有立栓，下接三个明抽屉，腿间镶拱式牙板。通体黑漆地，正面及两侧上下描金开光升降双龙戏珠，背面及门里为松、梅、竹三友图和花蝶图案。药柜内部中心有八方转动式抽屉，每面10个，共计80个抽屉。两边又各有一行10个抽屉，每屉分为3格，共盛药品140种。柜门、抽屉、足部都装有黄铜饰件，极为精制。柜门用球形活动轴，既便于转动，又实用美观。柜内部抽屉上涂金签各3个，标明各种中药的名称。柜背面上边描金书"大明万历年制"款。

例3 红漆描金云龙纹箱一件，清初，横73.5厘米，纵57.5厘米，连座高117.5厘米。

此箱四面及顶盖均以彩金象手法饰云龙纹，用两种金加黑勾纹理。箱子下有两穿孔，便于穿绳子。从云纹和龙纹及漆色的风格特点看出，为康熙时制品。底座髹漆，束腰下鼓腿彭牙内翻马蹄带托泥。做工精细，龙纹及云纹线条流畅，有较高的绘画功底和漆艺技能。在清初漆家具中极具代表性，有重要历史价值和艺术价值。

图38　明　黑漆描金顶竖柜

❹ 识文描金家具

识文描金是在素漆地上用泥金勾画花纹。其做法是用清漆调金粉或银粉，要调得相对稠一点，用笔蘸金漆直接在漆地上作画或写字。其特点是花纹隐起，有如阳刻浮雕。由于黑漆地的衬托，色彩反差强烈，使图案更显生动活泼。

例1 黑漆地识文描金长方套箱一件，清雍正，外箱长189厘米，宽50厘米，通高49厘米；内箱长178厘米，宽40.5厘米，通高35.5厘米。

该箱分内外两层，下有8厘米高的底座，底座上镶有长182厘米，宽45厘米，

图39　清　识文描金挂屏

高3.5厘米的垛边；内箱四角下有3.5厘米高的矮足，与垛边齐平，正好放进垛边里口。内箱箱壁较高，上盖较窄，只有7.4厘米高的竖墙。外箱箱盖四壁较高，有41厘米，箱盖里口正好套在垛边的外侧。外箱套盖长186厘米，宽48.5厘米，较箱座略小。每层箱体两端有铜质提环。通体黑漆地，用泥金勾画龙戏珠纹，周围间布流云。黑素漆里，不露木胎。在外层箱面一侧正中，满汉对照描金题签："雍正元年吉月孝陵所产蓍草六苁三百茎敬谨贮内。"蓍草在古代常用于占卜。

例2　黑漆地识文描金漆挂屏一件，清乾隆，高86.5厘米，宽54.5厘米。　**图 39**

此挂屏呈长方形，紫檀木框。屏面黑漆地，识文描金、银加彩仿制唐代韩幹画《明皇试马图》，原迹所有历代印记亦一一仿制。有乾隆御笔《明皇试马图》题记，也用识文描金手法写成。

❺ 罩金漆家具

罩金漆家具是在素漆家具上通体贴金，然后在金地上罩一层透明漆。罩金漆，又名"罩金"，故宫太和殿金漆龙纹屏风、宝座即是罩金漆家具的典型实例。　**图 40**

例1　屏风，横525厘米，纵深102.5厘米，高425.5厘米，清初制作。

屏风由七扇组成，正中最高，两侧分别递减。每扇上下各有三条横带，内镶绦环板心，正中雕海水纹或云龙纹。屏风正中镶大块绦环板，雕刻双龙戏珠图案，每扇均升龙降龙各一。屏风的边框，用料粗壮，正中起双线。屏风的制作多为组合式，拆装方便，而这件屏风由于它特定的位置，不需挪动，故制作时采用诸扇卯榫衔接，使整个屏风形成一个坚实牢固的整体。

例2　屏风前的宝座通高172.5厘米，座高49厘米，横158.5厘米，纵79厘米；下层座长162厘米，宽99.5厘米，高21厘米。

图40　罩金漆家具

上层高束腰，四面开光透雕双龙戏珠图案。透孔处以蓝色彩地衬托，显得格外醒目。座上为椅圈，共有十三条金龙盘绕在六根金漆立柱上。椅背正中盘正龙一，昂首张口，后背盘金龙，中格浮雕云纹和火珠，下格透雕卷草纹，两边饰站牙和托角牙。座前有脚踏，长70.5厘米，宽42厘米，高30厘米。拱肩，曲腿，外翻马蹄，高束腰，上下刻莲办纹托腮。中间束腰饰以珠花，四面牙板及拱肩均浮雕卷草及兽头，与宝座融为一体。整套屏风宝座通体贴金罩漆，这类罩金漆，一般要贴两到三遍金箔，才能达到预想效果。贴金工序完成后，在外面罩一层透明漆，即为成器。整套屏风宝座，不仅形体高大，而且还坐落在一个长7.05米，进深9.53米，高1.58米的台座上。加上六根沥粉贴金龙纹大柱的衬托，交相辉映，使整个大殿都变得金碧辉煌。也正由于它非凡的气势，封建统治者都把它作为皇权至高无上的象征。

图41 清初 堆灰龙纹柜

❻ 堆灰家具

堆灰，又名堆起，是在家具表面用漆灰堆成各式花纹，然后在花纹上加以雕刻，做进一步细加工，再经过髹饰或描金等工序，形成独具特色的家具品种。堆灰家具又称隐起描金或描漆，其特点是花纹隆起，高低错落，有如浮雕。

例1 黑漆地堆灰龙纹大柜，柜横92厘米，纵75.5厘米，高90厘米。**图 41**

现存八件，清初制品，原为坤宁宫西炕两侧所设柜。据清宫档案记载，乾隆十八年因坤宁宫大柜底柜年久，漆面破损，即将原柜撤下收贮，另做一对花梨木大柜陈放原处。漆柜的底柜因漆面伤损严重，着令改作别用，只留这八只顶柜保存至今。这八只顶柜分为两组，每两只合并为一层，重叠两层放在一个底柜上。其高度几乎贴近天花板，达518.5厘米。每柜对开两门，门板正中以堆灰手法菱纹开光，当中用漆灰堆起到一定高度后雕刻龙纹，经磨光后上金胶，将金箔粘上去。除纹饰部分外，其余全部为黑漆地，金碧辉煌的龙纹在黑色漆地的衬托下，显得格外醒目。

❼ 填漆戗金家具

填漆和戗金是两种不同的漆工艺手法。填漆即填彩漆，是先在做好的素漆家具上用刀尖或针刻出低陷的花纹，然后把所需的彩漆填进花纹。待干固后，再打磨一遍，使纹地分明。这种做法，花纹与漆地齐平。戗金、戗银的做法大体与填漆相似，也是先在素漆地上用刀尖或针刻出纤细的花纹，然后在低陷的花纹内打金胶，再把金箔或银箔粘进去，形成金色的花纹。它与填漆的不同之处在于花纹不是与漆地齐平，而是仍保持阴纹划痕。填漆和戗金虽属两种不同的工艺手法，但在实际应用中经常混合使用。以填漆和戗金两种手法结合制作的器物在明清两代备受欢迎，北京故宫博物院收藏品中这类实物很多。

例1　填漆戗金云龙纹柜一件，明万历，柜横124厘米，纵74.5厘米，通高174厘米。　图 42

柜为平顶立方式，两门中间有活动立栓。铜质碗式门合页，柜内设活动屉板两层。柜身正面对开两门，填彩葵花式开光，紫脸戗金行龙两条，下部填彩立水，红万字黑方格锦纹地，四周和中栓戗金填彩开光花卉，下部开光鸳鸯戏水。两侧戗金填彩云龙立水，开光填彩花卉边沿。柜后背上部填彩戗金牡丹、花蝶，下部填彩松鹿，围以串枝勾莲。黑素漆里，填彩串枝莲边缘屉板。柜后背刻"大明万历丁未年制"楷书款。

例2　填漆戗金云龙纹琴桌一件，明，桌面横97厘米，纵45厘米，高70厘米。

桌长方形，下承束腰，直腿，内翻马蹄。周身红漆地，面长方开光，戗金二龙戏珠。雕填彩云立水，开光外黑方格锦纹地，四周葵花式开光，戗金方格锦纹地。侧沿填彩朵云，束腰戗金填彩折枝花卉，戗金双龙戏珠纹立水沿板。

图42　明　填漆戗金云龙纹柜

腿面戗金填彩赶珠龙，腿间黑万字方格锦纹地，腿里部素地填彩朵云。黑素漆里，与桌面隔出一定空隙，镂空钱纹两个，目的是为提高琴音效果，起到音箱的作用。此桌虽无款识，经和故宫藏同类器物相比较，其漆色、纹饰、造型、做工等均与明万历时期相差无几，且存世量少，具有十分重要的历史价值。

例3　填漆戗金云龙纹长方桌一件，明万历，面长89厘米，宽64厘米，高71厘米。

桌为案形结体，边缘起拦水线，剑柄式腿，镶壶门式牙板，黄铜套足。周身红漆地，桌面葵花式开光，雕填戗金双龙戏珠。上部聚宝盆，下部八宝立水，间以填彩流云。四角折枝花卉，边黄色起线，填红格黑万字锦纹地。牙板雕填戗金双龙戏珠，腿和枨雕填勾莲花卉加红色线边。红色漆里，中刻"大明万历癸丑年制"款。

例4 填漆戗金龙纹罗汉床一件，明崇祯，长183.5厘米，宽89.5厘米，座高43.5厘米，通高85厘米。

该床形体取四面平式，壶门式牙板与腿足交圈。四腿甚粗壮，扁马蹄。通体红漆地，床身正面及左右雕填戗金双龙戏珠，间填彩朵云。床围正面及两扶手里外雕填戗金海水江崖，中间正龙一，双爪高举聚宝盆。两侧行龙各一，间布彩云及杂宝。床身背板后面雕填戗金栀子花、梅花及喜鹊。后背正中上沿线刻戗金"大明崇祯辛未年制"楷书款。

例5 填漆戗金云龙纹海棠式香几一对，清康熙，通横38厘米，纵29厘米，高74.5厘米。

几面为海棠式，下承束腰，拱式腿，足向外翻，下有海棠式托泥。周身黄漆地，以填彩漆和戗金手法，饰锦地开光云龙和折枝花卉。几面雕填黑漆正龙一，下部海水江崖，龙身红色，火焰散布彩色飞云。边缘开光花卉，填黑漆钱纹锦地，足托雕填红色正龙一，填黑流云立水。底光黑漆，中刻"大清康熙年制"款。另一几面雕填红色正龙，足托雕填黑色正龙，具有明显的明式风格。

❽ 刻灰家具

刻灰又名大雕填，也叫款彩。一般在漆灰之上油黑漆数遍，干后在漆地上描画画稿。然后把花纹轮廓内的漆地用刀挖去，保留花纹轮廓。刻挖的深度一般至漆灰为止，故名刻灰。然后在低陷的花纹内根据纹饰需要填以不同颜色的油彩或金、银等，形成绚丽多彩的画面。特点是花纹低于轮廓表面，在感觉上，类似木刻版画。在明代和清代前期，这种工艺极为常见，传世实物较多，小至箱匣，大至多达十二扇的围屏。

例1 黑漆款彩八扇屏一套，明末清初，屏风单扇宽43厘米，高218.5厘米。 **图 43**

屏分八扇，有挂钩连接，为便于弯曲，屏与屏之间留有1厘米宽的缝隙。八扇连接总长351厘米。屏风两面刻画图案，一面为通景百鸟朝凤图，图中以一凰一凤为中心，百鸟围绕四周，衬以奇花异木，树石花卉。另一面为三国故事图，雕刻远山近水、树石花草及人马、旗帜、营寨等。有的正在激烈交战，有的正在指挥，人物马匹刻画生动自然。图案四边以各式花卉和菱纹开光圈边，开光内刻螭虎灵

图43　清初　刻灰屏风

芝。圈边外上下左右雕刻各式博古及花卉，图案布局合理，刻画精细入微，色彩明快艳丽，是清代初期较常见的漆工艺品种。

❾ 波罗漆家具

波罗漆是将几种不同颜色的漆混合使用。做法是在漆灰之上先油一道色漆，一般油得稍厚一些，待漆到七八成干时，用手指在漆皮上揉动，使漆皮表面形成皱纹。然后再用另一色漆油下一道，使漆填满前道漆的皱褶。再之后以同样做法用另一色漆油下一道，待干后用细石磨平，露出头层漆的皱褶来。做出的漆面，花纹酷似瘿木或影木，俗称"影木漆"。有的花纹酷似菠萝或犀牛皮，因此又称波罗漆和犀皮漆。这类漆器家具传世品极为少见。

例1　紫檀边座波罗漆圆转桌一件，清乾隆，桌面直径118.5厘米，高84.5厘米。

桌为圆形，以紫檀木做边框、花牙及底座。面下正中有圆柱，圆柱中心安铁轴。面下自中心有六条横枨向四外伸展，与边框连接。每条横枨下有夔纹托角牙将桌面与圆柱牢牢固定。桌面正中镶板，以漆工技法做出波罗漆面。底座略具葵瓣形，带束腰，黑漆心，正中安立柱，四围有夔纹站牙抵夹，在立柱正中做出圆孔，上节立柱的铁轴就插在下节的圆孔里。桌面与底座组装好后，桌面可以根据需要，随时随意往来转动。此桌设计合理，结构严谨精密，创意性强。尤其是桌心的漆面，做工复杂，具有较高的艺术价值和历史价值。

⑩ 嵌厚螺钿家具

嵌螺钿家具常见有黑漆螺钿和红漆螺钿。螺钿分厚螺钿和薄螺钿。厚螺钿又称硬螺钿，其工艺是按素漆家具工序制作，在上第二遍漆灰之前将螺钿片按花纹要求磨制成形，用漆粘在灰地上，干后，再上漆灰。要一遍比一遍细，使漆面与花纹齐平。漆灰干后略有收缩，再上大漆数遍，漆干后还需打磨，把花纹磨显出来，再在螺钿片上施以必要的毛雕，以增加纹饰效果，即为成器。**图 44、45**

例1 黑漆嵌螺钿平头案一件，明万历，横197厘米，纵53厘米，高87厘米。

图44 黑漆螺钿花鸟炕桌

图45 桌面特写

该案平头，直腿，无托泥。通体黑漆地，满嵌厚螺钿。面嵌坐龙、行龙及朵云，边嵌赶珠行龙。如意云头形牙板，直腿泥鳅背，足镶云头铜包角，如意云头形挡板，均以螺钿嵌龙纹及朵云。案里用螺钿嵌"大明万历年制"楷书款，为明代螺钿书案中稀见之物，甚为珍贵。

例2 黑漆嵌螺钿花鸟罗汉床一件，明，横182厘米，纵79.5厘米，高84.5厘米。

该罗汉床与架床为同一风格，实为一类。罗汉床又称"榻"，常设在客厅待客，作用相当于如今的沙发。其床身取四面平式，内翻马蹄，床面用活屉板，左右及后面装三块整板围子。床身通体黑漆地，嵌硬螺钿花鸟。牙条及腿足嵌折枝花卉。明代此种黑漆螺钿家具使用较广，椅凳、桌案、箱柜无不具备。此榻系20世纪50年代琉璃厂古玩店自山西运回，后经故宫博物院购藏。目前存世量很少，具极高的历史价值和艺术价值。

例3 黑漆嵌螺钿长方桌一件，清康熙，桌面横160厘米，纵58厘米，高82厘米。

案形结体，圆形直腿，腿间镶直牙条及牙头。侧面腿间装双枨，黄铜套足。周身黑漆地，用硬螺钿嵌山石、牡丹、花鸟等图案。四周嵌开光花卉，间布锦地，牙板、足、枨均散嵌折枝花卉。红色漆里，桌里中带上刻"大清康熙甲寅年制"款。图案生动饱满，蚌色艳丽，在嵌钿大件器物中堪称稀见之物。

⑩ 嵌薄螺钿家具

薄螺钿又称软螺钿，是与硬螺钿相对而言，是取极薄的贝壳之内表皮做镶嵌物。常见薄螺钿如同现今使用的新闻纸一样薄厚。因其薄，故无大料，加工时在素漆最后一道漆灰之上贴花纹，然后上漆数道，使漆盖过螺钿花纹，再经打磨显出花纹。在粘贴花纹时，匠师们还根据花纹要求，区分壳色，随类赋彩，因而收到五光十色、绚丽多彩的效果。 **图46**

图46 清初 五彩螺钿书格

例1　黑漆嵌螺钿山水花卉书格一对，清康熙，书格横114厘米，纵57.5厘米，高223厘米。

书格齐头立方式，分四层，直腿，腿间镶拱式牙条及牙头，黄铜套足。周身黑漆地，用五色薄螺钿和金银片托嵌成锦地开光，开光内以五色薄螺钿嵌成各式山水、花卉、人物等图案。其中包括各种图案锦纹36种，山水人物8种，花果草虫22种，共计66种。其他为各式折枝花卉，大小图案共计137块。在中间一层底面中带上刻"大清康熙癸丑年制"款。这对书格的精美之处主要表现在以下几个方面：首先是做工精细，在不到一寸见方的面积上做出十几个单位的锦纹图案，镶嵌花纹非常规矩，从钿片剥落处可以看出，螺钿和金银片的厚度比现今使用的新闻纸还要薄，显示出镶嵌艺人们高超的艺术水平。其次是装饰花纹优美，各种山水、人物、树石、花鸟草虫等形象生动。再次是装饰花纹丰富多彩，不同花样的图案锦纹就达36种之多，其中有二十几种是其他工艺品中从来没有见到过的。此外，色彩调配恰到好处，镶嵌的花朵色彩变化无穷，如从正面看是粉红色的，从侧面看是淡绿色的，再从另一角度看又变成白色的了，说明镶嵌艺人们在处理蚌色的自然色彩时，是十分精心的。

例2　黑漆嵌螺钿书案一件，清康熙，面横193.5厘米，纵48厘米，高87.4厘米。案呈长方形，云头式抱腿牙及沿板，镂空云头挡板，足下有托泥。通体黑漆地，面撒嵌螺钿加金山水人物，间以开光花卉，加金钱纹锦。全身撒嵌螺钿加金，开光折枝花卉，间碎花锦纹地。里刻"大清康熙辛未年制"楷书款。

图47　清初　撒嵌螺钿插屏

⑫ 撒嵌螺钿沙加金、银家具

撒嵌金、银、螺钿沙家具是在上最后一遍漆时，趁漆未干，将金箔、银箔或螺钿碎末撒在漆地上，并使其粘着牢固，干后扫去表面浮屑，打磨平滑即成。图 47

例1　黑漆撒螺钿加描金龙纹书格一

件，明万历，横157厘米，纵63厘米，高173厘米。

书架为齐头立式，分三层，后有背板，两侧面各层装壶门形卷口牙子。该架通体黑漆地撒嵌螺钿碎沙屑加金、银箔，架内三层背板前面，饰描金双龙戏珠，间以朵云立水。边框开光描金赶珠龙，间以花方格锦纹地。屉板描金流云，两侧壶门形卷口牙子饰描金串枝勾莲，足间镶拱式牙条和牙头，黄铜足套。背面绘花鸟三组，边框绘云纹。背面上边刻"大明万历年制"填金款。

⓭ 综合工艺

明清两代漆家具除上述一种工艺或两种工艺结合外，还有综合多种工艺于一身的代表作品。在故宫博物院收藏的明代传世实物中，这方面的实例也很多。

例1 黑漆嵌螺钿描金平脱龙纹箱子一对，明万历，箱体见方66.5厘米，高81.5厘米。 图 48

此箱杉木胎，箱体结构别致，上开盖，下为16厘米深的平屉。前脸安插门，内装抽屉五具，平屉内有销，直抵插门上边。箱盖正面有铜扣吊，可以上锁。扣吊两旁及箱体两侧有桃形铜护叶，两侧箱壁中部有铜提环。此箱当为皇帝巡狩时存贮衣物之用。通体黑漆做地，用描金、彩绘加螺钿的技法饰云龙纹十四组。箱体四面及上盖的双龙一条以平脱手法用铜片嵌成，一条平嵌手法用螺钿嵌成。两条龙的龙发、龙角、龙脊用银片嵌成。龙纹姿态形象生动，具极高艺术水平。龙纹周围的云纹用描金描银的手法做装饰，显得绚丽华贵。插门内的双龙纹又以描彩漆手法做装饰。屉内为黑素漆里，盖内正中刻"大明万历年制"楷书款。此器做工精细，一丝不苟，镶嵌螺钿加铜片、银片薄厚均匀，是明代漆器家具中的上乘精品。

图48 明 嵌螺钿描金箱

五、明式家具与清式家具

中国古代家具是我国优秀的工艺美术品之一。它既是人们日常生活中的实用品，又是有欣赏价值的艺术品。其历史悠久，独具民族特色。我国古代家具能充分地表现设计者的思想与气质，体现时代的特征与人文气息，富有特殊的文化内涵，举世闻名，备受国际收藏界的喜爱。中国家具发展到明代，开始进入黄金时代，出现了大量精美、实用的各式家具。至清代乾隆年间，家具材料虽然优良，但雕饰繁琐，风格也为之大变。到清代末期，家具和其他工艺品一样，呈衰退不振之势。明清家具由于其本身具有的真、善、美的丰富内涵和独特艺术价值，近十几年来，始终处于国际收藏的热潮之中。明清工匠们把最优质的材料、完美的设计和精心的匠艺相结合，制造出令西方人惊叹的"如谜一般美妙"的家具，而且制作中绝对不用铁钉，只是用榫舌和卯眼等复杂而巧妙设计组合家具，因而使明清家具成为中华民族优秀文化的一部分。

❶ 明式家具风格与特色

明式家具是我国明代匠师们总结前人经验和智慧，并加以发明创造，在传统艺术方面取得的一项辉煌成就。它除了在结构上使用了复杂的卯榫外，造型艺术也充分满足人们的生活需要。因而它是一种集艺术性、科学性、实用性于一身的传统艺术品。明式家具的风格特点，主要表现在以下几个方面：

（1）造型稳重、大方，比例尺寸合度，轮廓简练舒展；

（2）结构科学，卯榫精密；

（3）精于选料配料，重视木材本身的自然纹理和色彩；

（4）雕刻及线脚装饰处理得当；

（5）金属饰件式样玲珑，色泽柔和，起到很好的装饰作用。

明式家具的造型及各部比例尺寸基本与人体各部的结构特征相适应，如椅凳坐面高度在40～50厘米之间，大体与人的小腿高度相符合。大型坐具，因形体比例关系，坐面较高，但必须有脚踏相配合，人坐在上面，双脚踏在脚踏上，实际使用高度（由脚踏面到坐面）仍是40～50厘米之间。桌案也是如此，人坐在椅凳上，桌面高度基本与人的胸部齐平，双手可以自然地平铺于桌面，或读书写字，或挥笔作画，极其舒适自然。两端桌腿之间必须留有一定空隙，桌牙也要控制在一定高度，以便人腿向里伸屈，使身体贴近桌面。椅背大多与人的脊背高度相符，后背板根据人体脊背的自然特点设计成"S"形曲线，且与坐面保持100～105度的背倾角，这正是人体保持放松姿态的自然角度。其他如座宽、座深、扶手的高低及长短等，都与人体各部的比例相适合，有着严格的尺寸要求。

明式家具造型的突出特点是侧脚收分明显，在视觉上给人以稳重感。一件长条凳，四条腿各向四角的方向叉出。从正面看，形如飞奔的马，俗称"跑马叉"。从侧面看，两腿也向外叉出，形如人骑马时两腿叉开的样子，俗称"骑马叉"。每条腿无论从正面还是侧面都向外叉出，又统称四劈八叉。这种情况在圆材家具中尤为突出。方材家具也都有这些特点，但叉度略小。有的凭眼力可辨，有的则不明显，要用尺子量一下才能分辨。

明式家具轮廓简练舒展，是指其构件简单，每一个构件都功能明确，分析起来都有一定意义，没有多余的造作之举。简练舒展的格调，收到了朴素、文雅的艺术效果。

明式家具的又一特点是材质优良。它多用黄花梨木、紫檀木、铁梨木、鸡翅木、榉木、楠木等珍贵木材制成。这些木材硬度高，木性稳定，可以加工出较小的构件，并做出精密的卯榫，做出的成器都异常坚实牢固。明代匠师们还十分注意家具的色彩效果，尽可能把材质优良、色彩美丽的部位用在表面或正面明显位置。不经过深思熟虑，决不轻易下手。因此，优美的造型和木材本身独具的天然纹理和色泽，给明式家具增添了无穷的艺术魅力。明式家具分为两种艺术风格，简练型和浓华型。简练型所占比重较大。无论哪种形式，都要施以适当的雕刻装饰。简练型家具以线脚为主，如把腿设计成弧形，俗称"鼓腿彭牙"、"三湾腿"、"仙鹤腿"、"蚂蚁腿"等等。各种造型，有的像方瓶，有的像花樽，有的像花鼓，有的像官帽。在各部构件的棱角或表面上，常装饰各种各样的线条，如：腿面略呈弧形的称"素混面"；腿面一侧起线的称"混面单边线"；两侧起线，中间呈弧形的称"混面双边线"；腿面凹进呈弧形的称"打洼"。还有一种仿竹藤做法的装饰手法，是把腿表面做出两个或两个以上的圆形体，好像把几根圆材拼在一起，故称"劈料"，通常以四劈料做法较多。因其形似芝麻的秸秆，又称"芝麻梗"。线脚的作用不仅增添了器身的美感，同时把锋利的棱角处理圆润，柔和，收到浑然天成的艺术效果。

浓华型家具与简练形不同，它们大多都有精美繁缛的雕刻花纹或用小构件攒接成大面积的棂门和围子等，属于装饰性较强的类型。浓华的效果是雕刻虽多，但做工极精；攒接虽繁，但极富规律性。整体效果气韵生动，给人以豪华浓丽的富贵气象，而没有丝毫繁琐的感觉。

明式家具常用金属做辅助构件，以增强使用功能。由于这些金属饰件大都有着各自的艺术造型，因而又是一种独特的装饰手法。这些饰件不仅对家具起到进一步的加固作用，同时也为家具增色生辉。明代及清初家具的特点通常的说法是"精、巧、简、雅"四字。因此，判别明代及清初家具，也常以此为标准。

精，即选材精良，制作精湛。明式家具的用料多采用紫檀、黄花梨、铁梨木这些质地坚硬、纹理细密、色泽深沉的名贵木材。在工艺上，采用卯榫结构，合理连接，使家具坚实牢固，经久不变。由于紫檀、黄花梨、铁梨木生长缓慢，经明代的大量采伐使用，这些材料日见匮乏，到了明末清初，这些木材已十分难觅。所以，清以后家具在用料上发生根本变化。鉴定和辨别是不是明代家具，用料的审鉴是至关重要的。

巧，即制作精巧，设计巧妙。明代家具的造型结构，十分重视与厅堂建筑相配套，家具本身的整体配置也主次井然，十分和谐，使用者坐在上面感到舒适，躺在上面感到安逸，陈列在厅堂里有装饰环境、填补空间的巧妙作用。

简，即造型简练，线条流畅。明式家具的造型虽式样纷呈，常有变化，但有一个基点，就是简练。有人把它比作八大山人的画，简洁、明了、概括。几根线条的组合造型，给人以静而美，简而稳，疏朗而空灵的艺术感受。

雅，即风格清新，素雅端庄。雅，是一种文化，即是"书卷气"，是一种美的境界。明代文士崇尚"雅"，达官贵人和富商们也附庸"雅"。由于明代很多居住在苏州的文人、画家们直接参与造园艺术和家具的设计制作，工匠们也迎合文人们的雅趣，所以，形成了明式家具"雅"的品性。雅在家具上的体现是造型上的简练，装饰上的朴素，色泽上的清新自然，而无矫揉造作之弊。

明式家具就地方特色而言，以苏式家具为主。**图 49** 这是由于以苏州为中心的长江中下游地区，在宋代以前一直是我国政治、经济、文化中心，各项民族手工业也相对集中在这一地区。到了明代，随着经济的繁荣，城市建设和造园艺术的发展，更重要的是众多文人画家的参与，给家具艺术注入了丰富的文化内涵。

广州家具生产在明代还未形成规模，传世作品不多。具代表性的作品只有故宫博物院收藏的崇祯铁梨翘头案。该案长343.5厘米，宽50厘米，高89厘米，通体铁梨木制，独板

图 49　明　苏作黄花梨方机

为面，案面甚厚，约近三寸。翘头与案面两端的堵头系一木连作。案里铲挖出凹进去的圆穹，目的在于减轻器身重量。牙条贯通两腿，夹头榫结构，牙头外形做出云纹曲边，当中自腿边向两侧浮雕出眯着眼睛的象纹。象鼻微卷，两象合起来，又好似下卷的云纹。案腿素混面，落在托泥上。腿间上部有横枨，正中挡板用厚材镂雕大朵云头，居中垂挂。四角镶云纹角牙，整体效果凝重雄伟，气度非凡。难得之处在于案里正中有刀刻"崇祯庚辰仲冬制于康署"十字款。由此得知，此案乃广东德庆县制品。此款应为主人在德庆县购置此案时所作的纪念款，对研究明清时期广式家具有极其重要的参考价值。

京作家具较其他地区又独具风格。**图 50** 京城从全国各地招收优秀工匠到皇宫服役，在紫禁城外西南角曾设有专为皇家制作漆家具的果园厂，所制漆家具无论

造型还是艺术风格，代表了全国最高水平。及至后来的硬木家具，京作家具在明式家具中始终占有重要的地位。

明式家具中还有晋作家具，也是不可忽视的一个品种。**图 51** 明代晋作家具也以漆家具为主，尤以大漆螺钿家具最为著名。其特点是漆灰较厚，螺钿亦较厚。造型沉稳、凝重，富丽堂皇。除漆家具外，也有一定数量的硬木家具。民间则以核桃木和榆木最为常见。装饰花纹类似西洋卷草的忍冬纹。故宫博物院收藏的黑漆螺钿花鸟床、黑漆螺钿花鸟罗汉床，以及黑漆螺钿花鸟翘头案等，都是晋作家具典型实例。

总之，明式家具以做工精巧、造型优美、风格典雅著称，现代家具中仍有仿明式家具出现，而且受到人们的偏爱，价格昂贵。

图 50 明 京作紫檀条案

图 51 明 晋作大漆螺钿翘头案

❷ 清式家具风格与特色

清代家具大体分为三个时段。清代家具在康熙前期基本保留着明代风格特点，尽管和明式相比有些微妙变化，还应属于明式家具。自雍正至乾隆晚期，已发生了根本的变化，形成了独特的清式风格。嘉、道以后至清末民初时期，由于国力衰败，加上帝国主义的侵略，国内战乱频仍，各项民族手工艺均遭到严重破坏，在这种社会环境中，根本无法造就技艺高超的匠师。再加上珍贵木材来源枯竭，家具艺术每况愈下，因而进入衰落时期。

清代初期，由于统治阶级采取重农抑商政策，很快恢复了农业生产，民族手工业也有了较快的发展。据史料记载，在当时的大中城市中，普遍存在着木作、铜作、铁作、漆作以及纺织、印刷等行业的手工作坊。康、雍、乾三朝盛世的繁荣，为清式家具的形成创造了有利条件。

清式家具与明式家具在造型艺术及风格上的差异，首先是用材厚重，家具的总体尺寸较明式宽大，相应的局部尺寸也随之加大；其次是装饰华丽，表现手法主要是镶嵌、雕刻及彩绘等，给人的感觉是稳重、精致、豪华、艳丽，与明式家具的朴素、大方、优美、舒适形成鲜明的对比。它虽不如明式家具那样具有科学性，显得厚重有余，俊秀不足，给人沉闷笨重之感，但从另一方面说，由于清式家具以富丽、豪华、稳重、威严为准则，为达到设计目的，利用各种手法，采用多种材料，多种形式，巧妙地装饰在家具上，效果也很成功。所以，清式家具仍不失为中国家具艺术中的优秀制品。

清式家具的产地主要有广州、苏州、北京三处。它们各代表一个地区的风格、特点，被称为清式家具的三大名作。其中尤以广式家具最为突出，并得到皇家的赏识。**图 52** 明末清初，西

图52 清 广作紫檀凳

方传教士大量来华，传播了一些先进的科学技术，促进了中国经济和文化艺术的繁荣。广州由于它特定的地理位置，便成为中国对外贸易和文化交流的一个重要门户。随着对外贸易的进一步发展，各种手工业也都随之恢复和发展起来。加之广州又是贵重木材的主要产地，南洋各国的优质木材也多由广州进入中国，制作家具的材料比较充裕，这些得天独厚的有利条件，赋予广式家具独特的艺术风格。

广式家具的特点之一是用料粗大充裕。以故宫博物院收藏的紫檀边座点翠插屏为例，在两侧瓶式立柱上用料粗大充裕的特点最为突出。每个立柱从底座墩木的上平面算起，就高达63.5厘米，瓶腹最宽处19厘米，厚6.5厘米。要用这么大的木料削成细脖、大腹、小底的方瓶形式，自然要挖去许多木料。再看插屏底座的木墩，长55.5厘米，宽11厘米，高15厘米，下面挖出曲线轮廓，两端留足。其用料的大小，关系插屏的稳定与否，因此，广式家具的腿足、立柱等主要构件不论弯曲度有多大，一般不用拼接做法，而习惯用一块木料挖成。其他部位也大体如此，所以广式家具大都比较粗壮。

广式家具为讲求木性一致，大多用一种木料制成。通常所见广式家具，或紫檀，或酸枝，皆为清一色的同一木质，决不掺杂其他木材。而且广式家具不加漆饰，使木质完全裸露，让人一看便有实实在在，一目了然之感。

广式家具特点之二，是装饰花纹雕刻深湛，刀法娴熟，磨工精细。它的雕刻风格，在一定程度上受西方建筑雕刻的影响，雕刻花纹隆起较高，个别部位近似圆雕。加上磨工精细，使花纹表面晶莹如玉，丝毫不露刀凿痕迹。以紫檀雕花柜格为例，柜格正面两门板心都饰以阳刻花纹，四角及正中雕折枝花卉，花朵及枝叶又芽四出。由于雕刻较深而极富立体感，所饰西洋巴洛克花纹，翻转回旋，线条流畅。图案间隙留出衬地儿，在雕刻时，除图案纹饰外，其余则用刀铲平，再经打磨平整。虽有纹脉相隔，但从整个地子看，决无高低不平的现象。在板面图案纹理复杂，铲刀处处受阻的情况下，能把地儿处理得这样平，在当时手工操作的条件下，是很不容易的。这种雕刻风格，在广式家具中尤为突出。

广式家具的装饰题材和纹饰，也受西方文化艺术影响。明末清初之际，西方的建筑、雕刻、绘画等技艺逐渐为中国所应用，自清代雍正至乾隆、嘉庆时期，模仿西式建筑的风气大盛。除广州外，其他地区也有这种现象。如：在北京兴建的圆明园，其中就有不少建筑从形式到室内装修，无一不是西洋风格。为装饰这些殿堂，清廷每年除从广州订做、采办大批家具外，还从广州挑选优秀工匠到皇宫，为皇家制作与这些建筑风格相协调的中西结合式家具。即以中国传统工艺制成家具后，再用雕刻、镶嵌等工艺手法装饰西洋花纹。这种西式花纹，通常是一种形似牡丹的花纹，亦称"西番莲"。这种花纹线条流畅，变化多样，可以根据不同器形而随意伸展枝条。它的特点是多以一朵或几朵花为中心，向四外伸展，且大都上下左右对称。如果装饰在圆形器物上，其枝叶多作循环式，各面纹饰衔接巧妙，很难分辨它们的首尾。

广式家具除装饰西式花纹外，也有相当数量的传统花纹。如各种形式的海水云龙、海水江崖、云纹、凤纹、夔纹、蝠、磬、缠枝或折枝花卉，以及各种花边装饰等。有的广式家具中西两种纹饰兼而有之，也有的广式家具乍看都是中国传统纹饰，但细看起来，总或多或少地带有西式痕迹，为我们鉴定是否为广式家具提供了依据。当然，我们也不能凭这一点一滴的痕迹就下结论，还要从用材、做工、造型、纹饰等方面综合考虑。在这方面，我们不妨再以故宫藏紫檀柜格为例加以说明。柜的两山雕刻的都是中国传统折枝花卉，正面对开两门，每扇四角各雕一组折枝梅花，中间也以折枝花为饰，但四角与中间花之间的空当中，又雕一组西洋巴洛克风格的图案。上部四框饰绳纹，两层膛板下各装抽屉一层，共四支。在抽屉外面又以紫檀薄板雕刻西洋花纹饰边。这种装饰手法在广式家具中是屡见不鲜的。在众多的广式家具中，带有洋式花纹或有西洋痕迹的约占十之六七。

清初，为适应对外贸易的发展，广州的各种官营和私营手工业都相继恢复和发展起来，给家具艺术增添了色彩，形成与明式家具截然不同的艺术风格。这种艺术风格主要表现在雕刻和镶嵌的艺术手法上。镶嵌作品多为插屏、挂屏、风屏、箱子、柜子等，原料以象牙、螺钿、木雕、景泰蓝、玻璃油画等为主。

提到镶嵌，人们多与漆器联系在一起。原因是中国镶嵌艺术多以漆器做地儿，而广式家具的镶嵌却不见漆，是有别于其他地区的一个明显特征。传世作品也很多，内容多以山水风景、树石花卉、鸟兽、神话故事及反映现实生活的风土人情等为题。如前所举紫檀边座点翠象牙插屏，屏心以黑色丝绒为衬地儿，用点翠嵌成山水树石，象牙着色人物，描绘出农家一年一度的灯节情景。人物雕刻细腻，点翠色彩艳丽。

还有一件象牙堆嵌而成的"广州十三行"风景插屏，画面以十三洋行建筑为主体，描绘当时广州通商贸易的繁忙景象。江中商船云集，两岸官府、民居栉比相望，由近及远的靖海门、越秀山、镇海楼等著名建筑尽收眼底。此插屏较前一件又有不同，它以玻璃油画做衬地儿，屏心顶端的天际部分，在玻璃的背面描画乌云；近处江水部分也用玻璃画做地儿，背面描画水波纹，以象牙着色雕刻的大小船只，直接粘在玻璃上。为防止嵌件脱落和灰尘污染，这类插屏或挂屏都罩在透明玻璃框内。

广州还有一种以玻璃油画为装饰材料的家具，也以屏类家具最为常见。玻璃油画就是在玻璃上画的油彩画，于清代初期由欧洲传入中国，首先在广州兴起，曾形成专业生产。中国现存的玻璃油画，除直接由外国进口外，大部分由广州生产。它与一般绘画画法不同，是用油彩直接在玻璃的背面作画。而画面却在正面。其画法是先画近景，后画远景，用远景压近景。尤其是人物的五官，要画得气韵生动，就更不容易了。

苏式家具是指以苏州为中心的长江中下游地区所生产的家具。 图 53 苏式家具形成较早，举世闻名的明式家具即以苏式家具为主。它以造型优美、线条流畅、用料及结构合理、比例尺寸合度等特点和朴素、大方的格调博得了世人的赞赏。进入清代以后，随着社会风气的变化，苏式家具也开始向繁琐和华而不实的方面转变。这里所讲的苏式家具主要指清代而言。

以紫檀席心描金扶手椅为例，从外观看，颇为俊秀华丽，但从其用料方面看，

图53　苏作榻

是异常节俭的。先从四条腿说起，四条直腿下端饰回纹马蹄，上部饰小牙头，这在广式家具中通常用一块整料制成。而此椅却不然，四条直腿平面以外的所有装饰全部用小块碎料粘贴，包括回纹马蹄部分所需的一小块薄板。椅面下的牙条也较窄较薄，座面边框也不宽，中间不用板心，而用藤席，又节省了不少木料。再看上部靠背和扶手，采用拐子纹装饰，拐角处用格角榫拼接，这种纹饰用不着大料，甚至连拇指大小的小木块都可以派到用场，足见用料之节俭。

苏式家具注重装饰，又处处体现节俭意识。床榻椅子等类家具的座围，多用小块木料两端做榫格角攒成拐子纹。既有很强的装饰作用，又达到物尽其用的目的。坐面多用藤心，既使座面具备弹性，透气性又好，同时也节省了木料。为了节省木料，清代苏式家具的暗处构件还常以杂木代替，这种情况，多表现在器物里面的穿带上。从明清两代的苏式家具看，十有八九都有这种现象。苏式家具里侧都油漆里，目的在于避免穿带受潮变形，同时也有遮丑的作用。清代苏式家具的镶嵌和雕刻主要表现在箱柜和屏联上，以普通柜格为例，通常以硬木做成框架，当中起槽镶一块松木或杉木板，然后按漆工工序做成素漆面。漆面阴干后，先在漆面上描画画稿，再按图案形式用刀挖槽儿，将事先按图作好的嵌件镶进槽内，用蜡粘牢，即为成品。苏式家具的镶嵌材料也大多用小碎料堆嵌而成，整板大面积雕刻成器的不多。常见的镶嵌材料多为玉石、象牙、螺钿和各种颜色的彩石。也有相当数量的木雕，在各种木雕当中又有不少是鸡翅木制作的。

苏式家具的大件器物还常采用包镶做法，即用杂木为骨架，外面粘贴硬木薄板。这种包镶做法，费力费时，技术要求也较高，好的包镶家具不经仔细观察或移动，很难看出是包镶做法。聪明的工匠通常把拼缝处理在棱角处，而使家具表面木质纹理保持完整，既节省了木料，又不破坏家具本身的整体效果。

总之，苏式家具在用料方面和广式家具的风格截然不同，苏式家具以俊秀著称，用料较广式家具要小得多。由于硬质木材来之不易，苏作工匠往往惜木如金，在制作每一件家具前，要对每一块木料进行反复观察、衡量，精打细算，尽可能把木质纹理整洁美丽的部位用在表面上。不经过深思熟虑，决不轻易动手。

苏式家具镶嵌手法的主要优点是可以充分利用材料，哪怕只有黄豆大小的玉石或螺钿碎渣，都不会废弃。

苏式家具的装饰题材多取自历代名人画稿。以松、竹、梅、山石、花鸟、风景以及各种神话故事为主。其次是传统纹饰，如海水云龙、海水江崖、龙戏珠、龙凤呈祥等。折枝花卉亦很普遍，大多借其谐音寓意一句吉祥语。局部装饰花纹多以缠枝莲或缠枝牡丹为主，西洋花纹较为少见。一般情况下，苏式的缠枝莲与广式的西番莲，已成为区别苏式还是广式的明显特征。

京作家具一般以清宫造办处所制家具为主。造办处中设有单独的木作，从全国各地招募优秀工匠到皇宫服役。由于广州工匠技艺高超，又在木作中单设一广木作，全部由广州工匠充任，所制家具带有浓厚的广式风格。但广木作家具与纯粹广式家具也有不同之处，主要表现在用料方面。广木作所使用的优质木材全部从广州运来，一车木料辗转数月才能运到北京，沿途人力物力，花费开销自不必说，皇帝本人也深知这一点。因此，造办处在制作一件家具之前，先画样呈览。经皇帝审批

图 54　京作红木扶手椅

后，方可制作。在造办处档案中，经常记载着这样的事：皇帝看过图纸后提出修改意见，准作小样，小样制成后再呈皇帝御览，皇帝看后觉得某部分用料过大，及时批示将某部收小些。久而久之，形成京作家具较广作家具用料小的特点。在造办处普通木作中，多由江南地区招募优秀工匠，其做工趋向苏式。不同的是，他们在清宫造办处制作的家具较江南地区用料要大，而且没有掺假的现象。**图 54**

从纹饰上看，京作家具较其他地区又独具风格。它从皇家收藏的古代玉器、铜器上吸取素材，巧妙地装饰在家具上。清代在明代的基础上又发展得更加广泛了。明代多限于装饰翘头案的牙板和两腿间的镶板，清代则在桌案、椅凳、箱柜上普遍使用。明代多雕刻螭虎龙（北京匠师多称其为拐子龙或草龙）；而清代则是夔龙纹最为常见，其他还有夔凤纹、拐子纹、螭纹、虬纹、蟠纹、饕餮纹、兽面纹、雷纹、蝉纹、勾卷云纹等无所不有。根据家具造型的不同特点，而施以各种不同形态的纹饰，显示出各式古色古香、文静典雅的艺术形象。

清代自康熙晚期至乾隆初期曾一度开放宁波和厦门两个口岸，与海外通商贸易。来往最多的是日本商人，贸易品类中有相当数量的东洋漆家具。这些洋漆家具进入皇宫，深得皇家喜爱。从清代宫中贡档得知，在这一时期内，除从日本直接进口外，浙江宁波、江苏淮安、福建福州、江西九江、长卢等地大批仿制洋漆家具，也进贡皇宫。尤其是福州，以金漆描画山水楼阁著称，装饰花纹则以西洋花纹占多数，在漆器行业中，居全国之首。

六、家具新品种的出现

家具艺术的高度发展，主要从两个方面体现：一是家具艺术水平的提高，这得益于材质和当时手工艺技术的提高；二是家具新品种的出现，随着社会经济的繁荣和文化艺术的发展，在各个历史时期内都有新的家具品种出现，成为各个历史时期独特的艺术风格。

❶ 百宝嵌的出现

在家具上作镶嵌装饰起源很早。考古发掘证实，早在4000年前的河姆渡遗址中，就已发现嵌有松石的器物。到了战国时期，有了嵌有美玉的漆几。此后唐代也是个高度发展时期。它们的共同特点是嵌件与底子表面齐平。到了明代，有个扬州人名叫周翥，首创了周制镶嵌法。其特点是嵌件高出底子表面，然后在嵌件上再施以各种不同形态的毛雕，以增加图案的形象效果。从其镶嵌手法和镶嵌材料看都与前代大不相同。而且不光体现在漆器器物上，在紫檀、黄花梨等硬木家具上也表现较多。由于镶嵌材料种类多样，因而又称为"百宝嵌"。 图 55 又因发明人姓周，民间常以"周制"称之。周制镶嵌法主要是凸嵌法，次有少量的平嵌法。平嵌，即嵌件表面与底子齐平，以不致影响家具的使用功能，如桌面、椅背等部位。在不影响家具使用功能的部位，为突出装饰效果，常使用凸嵌法，给人的感觉是隐起如浮雕。清钱泳《履园丛话》载："周制之法，唯扬州有之。明末有周姓者，始创此法，故名周制。其法以金、银、宝石、珍珠、青金、绿松、螺钿、象牙、密蜡、沉香为之，雕成山水、人物、树石、楼台、花卉、翎毛，嵌于檀、梨漆器之上。大而屏风、桌椅、窗隔、书架，小则笔床、茶具、砚匣、书箱，五色陆离，难以形容。真古来未有之奇玩也。"谢坤《金玉琐碎》说："周翥以漆制屏、柜、几、案，纯用八宝镶嵌。人物花鸟，亦颇精致。愚贾利其珊瑚宝石，亦皆挖真补假，遂成弃物。与雕漆同声一叹。余儿时犹及见其全美者。曰周制者，因制物之人姓名而呼其物。"吴骞《尖阳丛笔》载："明世宗时，有周翥善镶嵌奁匣之类，精妙绝伦，时称周嵌。"周翥系明嘉靖（1522—1567年）时人，为严嵩所豢养，严嵩事败后，周所制器物尽入官府，流入民间绝少。清初时周制器均开始流入民间，于是仿效者颇多，其中以清代前

图55 明 百宝嵌立柜

期的王国琛、乾隆时的卢葵生以及嘉庆、道光时期的卢映之最为有名。这三人也是扬州人，目前所见这类传世实物绝大多数为清初至中期这三人制品。清代后期，由于战乱频繁，民族手工业受到严重破坏，更重要的原因是珍贵材料的匮乏，再也见不到纯用八宝镶嵌的凸嵌花纹家具了。一般来讲，清代后期的镶嵌家具绝大多数为平嵌法，原因是没有过厚的原料所致。

❷ 博古架的出现

博古架是专为陈放古器文玩的架子。 图56 其特点是框内高低错落形成大小不等的若干个小格，格内陈放古铜、瓷器，或玉山子，或珐琅等炉、瓶、樽、彝之属。陈设于书房、客厅，为室内增添典雅清新的环境和气氛。清代中期绘画及版画中常有描绘，清初以前资料未见。据史料记载：北宋大观年间，宋徽宗命王

图 56　清　博古架

黼等编绘宣和殿所藏古器，名曰《宣和博古图》，计三十卷。随着思想观念的发展演变，至清代雍正时期，凡前代古器均被视为祥瑞名物，遂将其视为祥瑞之物，用其装饰家具。据此推断，博古架是清代雍正至乾隆时期出现的新品种。

❸ 架几案的出现

架几案是清代常见的家具品种。 **图 57** 现存明代历史资料未见架几案的形象，因此说架几案应是入清后才出现的新品种。架几案一般形体较大，可摆放大件陈设品，殿宇中和宅第中厅堂常用这种家具。它的形制与其他家具不同，它由两个特制大方几和一个长大的案面组成。使用时将两个方几按一定距离放好，将案面平放在方几上，根据这个特点，而称其为"架几案"。

❹ 高花几的出现

花架大都较高，通常在100厘米以上，有的甚至高达170～180厘米。清代官宦大家使用较多，陈设在厅堂各角或正殿条案两侧，是专为陈设花卉盆景用的。高花几出现于清代道光、咸丰以后，清代晚期绘画及版画插图屡见描绘，早期资料未见。目前这类传世高香几，绝大多数系酸枝木制成，时代都在清晚期至民国时期。

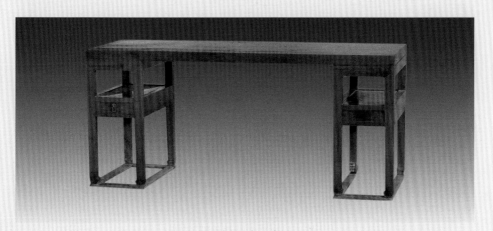

图57 清初 架几案

七、明清家具木材鉴定

　　近十几年来，随着家具收藏热的升温，对家具材质的认识也在不断深入和提高。同时也存在一些不确切和不规范的模糊概念。本人过去曾写过有关明清家具用材方面的文章，时隔十年，过去的认识显然在深度和广度方面都很不够，有些具体问题现在看来明显存在错误和偏差，需要对古家具的材质做一次重新认识。

　　中国传统家具用材主要有：香枝（即黄花梨）、酸枝、紫檀、花梨、铁梨、乌木、鸡翅木、楠木、樟木、影木、黄杨、榉木、榆木、桦木等。近年从国外进口的大批优质木材品种繁杂，名称也很混乱。广大消费者缺乏对各类高档木材的认识，一些唯利是图者利用人们赏识高档木材的心理，以次充好，凡黑色木材无论好坏多冒充紫檀，凡黄色木材则多称为花梨或黄花梨。为规范木材市场和提高消费者对木材的认识，建议多看些植物学方面的书。现在国家林业局木材工业研究所杨家驹先生主编了一本关于木材标准方面的书，书名为《中国红木》。"红木"这个模糊概念是值得商榷的，但书中对各类木材的科学分类和对各类木材的具体分析则是有重要参考价值的。

❶ 黄花梨

　　黄花梨又称老花梨，属于豆科蝶形花亚科黄檀属植物，广东一带多称此木为"香枝"，其学名为"海南降香黄檀"。颜色由浅黄到紫赤，色彩鲜美，纹理清晰而有香味。 图 58、59、60 明代比较考究的家具多用黄花梨木制成。黄花梨木的这些特点，在制作家具时多被匠师们加以利用和发挥，一般采用通体光素，不加雕饰，从而突出了木质纹理的自然美，给人以文静、柔和的感受。

目前市场上流通的所谓"黄花梨"绝大多数为越南花梨、老挝花梨、缅甸花梨、柬埔寨花梨等，其色彩纹理与古家具中的黄花梨稍有接近，唯丝纹极粗，木质也不硬，色彩也不如海南黄花梨鲜艳。通过对木样标本进行比较，在众多花梨品类中，当首推海南降香黄檀为最。据传海南降香黄檀木锯削浸泡之水饮用，可治疗高血压病，当地人称其为"降压木"。

海南降香黄檀主要生长在海南岛的西部崇山峻岭间，木质坚重，肌理细腻，色纹并美。东部海拔度低，土地肥沃，生长较快，其树木质既白且轻，与山谷自生者几无相同之处。

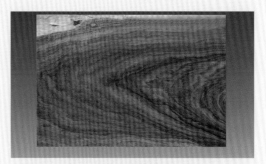

图58 黄花梨木

图59 黄花梨木 海南中部

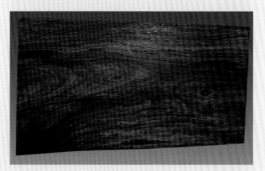

图60 黄花梨木

❷ 酸枝木

酸枝木有多种，为豆科植物中蝶形花亚科黄檀属植物。在黄檀属植物中，除海南岛降香黄檀被称为"香枝"（俗称黄花梨）外，其余尽属酸枝类。酸枝木大体分为三种：黑酸枝、红酸枝和白酸枝。它们的共同特性是在加工过程中发出一股食用醋的味道，由于树种不同，有的味道浓厚，有的则很微弱，故名酸枝。酸枝之名在广东一带行用较广，长江以北多称此木为"红木"。严格说来，红木之名既无科学

图 61　黑酸枝　　　　　　　　　　　　　　　图 62　黑酸枝

性，也无学术性，它是一些人对各种木材认识不清的情况下形成的笼统名称，属于外行语言。在三种酸枝木中，以黑酸枝木 图 61、62 最好。其颜色由紫红至紫褐或紫黑，木质坚硬，抛光效果好。有的与紫檀木极接近，常被人们误认为是紫檀。唯大多纹理较粗，不难辨认。红酸枝 图 63、64 纹理较黑酸枝更为明显，纹理顺直，颜色大多为枣红色。白酸枝 图 65、66 颜色较红酸枝颜色要浅得多，色彩接近草花梨，有时极易与草花梨相混淆。目前市场上新仿家具中有大量黑酸枝制品被当作紫檀木制品出售，有经验的专家有时亦难分清，广大收藏爱好者则更难分辨了。近年来，国内有人从马达加斯加进口大批优质木材，一直在出售，开始都认为是紫檀，但经过多方考证，其实并非紫檀，而是黄檀属

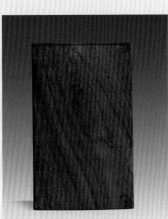

图 63　红酸枝　　　　　　　图 64　红酸枝

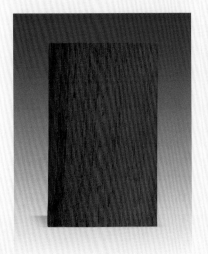

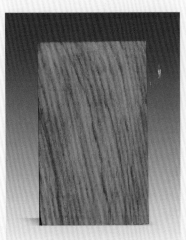

图 65　白酸枝　　　　　　　　　　　图 66　白酸枝

中的一种黑色木材，学名为"卢氏黑黄檀"。马达加斯加国家林业研究所还特地给我国林业部门发来公函，说明马达加斯加根本不产紫檀，该国出口的优质木材，包括出口到中国的木材，均为"卢氏黑黄檀"。

　　在黄檀属木材中，有不少材种的颜色呈紫黑色或紫红色，其硬度也不亚于纯正紫檀木，有的的确可以和紫檀相媲美，不失为传统家具上等美材。

❸ 紫檀木

　　紫檀是世界最贵重木料品种之一（指优质紫檀），由于数量稀少，见者不多，遂为世人所珍重。据史料记载，紫檀木主要产于南洋群岛的热带地区，其次东南亚地区。我国广东、广西也产紫檀木，但数量不多，大批材料主要靠进口。

　　紫檀为常绿亚乔木，高五六丈，叶为复叶，花蝶形，果实有翼，木质甚坚色赤，入水即沉。据《中国树木分类学》介绍："紫檀属豆科植物，约

图 67　大果紫檀（俗称草花梨）

图68　檀香紫檀

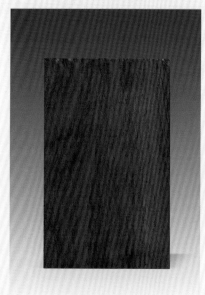

图69　安哥拉紫檀（俗称草花梨）

有十五种，产于我国的有两种，一为紫檀，一为蔷薇木。"按现代植物学界的认识，蔷薇木实际上就是印度所产大果紫檀，图 67 它与传统意义上的紫檀木差别甚大，人们不会把蔷薇木当作紫檀木。在十五种紫檀属的木材中，除了印度南部迈索尔邦所产的檀香紫檀 图 68 （俗称牛毛纹紫檀）外，其余全部被称为草花梨，图 69 蔷薇木只是草花梨当中的一个品种。无论哪一种草花梨，其色彩、纹理、硬度都与传统认识的紫檀木不同，它尽管属于紫檀属的植物，但无法与紫檀木相混淆。王世襄先生在《明式家具珍赏》中明确指出"美国施赫弗曾对紫檀作过调查，认为中国从印度进口的紫檀木是蔷薇木"的观点是错误的。

《博物要览》和《诸番志》把紫檀划归檀香类，认为紫檀是檀香的一种。《博物要览》载："檀香有数种，有黄白紫色之奇，今人盛用之。江淮河朔所生是其类，但不香耳。"又说："檀香出广东、云南及占城、真腊、爪哇、渤泥、暹罗、三佛齐、回回诸国。今岭南等处亦皆有之。树叶皆似荔枝，皮青色而滑泽。""檀香皮质而色黄者为黄檀，皮洁而色白者为白檀，皮府而色紫者为紫檀。并坚重清香，而白檀尤良。"《诸番志》卷下说："其树如中国之荔枝，其叶亦然，紫者谓之紫檀。"这两本书中所介绍的紫檀似乎不是明清家具所用紫檀，而是专指香料中的檀香而言。从其把紫檀、黄檀、白檀混淆在一起的情况看，他对紫檀木的认识并不深。实际上紫檀、黄檀和白檀的枝干、花叶等有很大区别，根本不是同一科属。

在北京一些人的口语中，还有新、老紫檀的说法，认为老者色紫，新者色红。经实际观察，他们所指的新紫檀大体都是黑酸枝，老紫檀则指的是人们传统认识的牛毛纹紫檀。这种牛毛纹紫檀又因生态环境不同而具不同特点，有的呈现出金星状，有的木色呈现出鸡血红状，因而又衍化出金星紫檀和鸡血紫檀等名称来，实际上它们同属一个树种。紫檀木的特性主要表现为色彩呈犀牛角色，暴露在空气中久则变成紫黑色。紫檀木的年轮纹大多为绞丝状的，有人藉此称为蟹爪纹或牛毛纹，尽管也有直丝的地方，但细看总有绞丝纹。紫檀木鬃眼细密，木质坚重，制作紫檀家具时多利用其自然特点，采用光素手法，不加雕饰。紫檀木质坚硬，纹理纤细浮动，尤其是它的色调深沉，显得既庄重又美观。

明代（1368—1644年），紫檀木为皇家所重视。随着海上交通的发展和郑和七次下西洋，沟通了与南洋各国的贸易和文化交流，各国在与中国定期和不定期的贸易交往中，也时常有一定数量的名贵木材，其中包括紫檀木 **图 70** 。但是对中国庞大的统治集团来说，这一点名贵木材远远满足不了需要，于是明朝政府又派官赴南洋采办。随后，私商贩运也应运而生。到明朝末年，南洋各地的优质木材也基本采伐殆尽，尤其是紫檀木，几乎全被捆载而去。截至明末清初，当时世界所产紫檀木的绝大多数尽汇集于中国，清代所用紫檀木全部为明代所采。有史料记载，清代也曾派人到南洋采过紫檀木，但大多粗不盈握，曲节不直，根本无法使用。这是因为紫檀木生长缓慢，非数百年不能成材，明代采伐殆尽，清时尚未复生，来源枯竭，这也是紫檀木为世人所珍视的一个

图 70　加蓬紫檀（非洲紫檀）

重要原因。

欧美等西方人士较中国更重视紫檀木，因为他们从未见过紫檀大料，认为只可做小巧器物。据传拿破仑墓前有五寸长的紫檀木棺椁模型，参观者无不惊慕，以为稀有。直到明末清初，西方传教士来到中国，见到许多紫檀大器，才知道紫檀精华尽在中国，于是多方收买，运送回国。现在欧美流传的紫檀器物，基本上都是从中国运去的。由于运输困难，他们一般不收买整件器物，仅收买柜门、箱面等有花纹者，运回之后，装安木框，用以陈饰。

清代中期，由于紫檀木的紧缺，皇家还不时从私商手中高价收购紫檀木。清宫造办处活计档中差不多每年都有收购紫檀木的记载。这时期，逐渐形成一个不成文的规定，即不论哪一级官吏，只要见到紫檀木，决不放过，悉如数买下，上交皇家或各地织造机构。清中期以后，各地私商囤积的木料也全部被收买净尽。这些木料，为装饰圆明园和宫内太上皇宫殿，用去一大批，同治、光绪大婚和慈禧六十大寿过后已所剩无几，至袁世凯时，遂将仅存的紫檀木全数用光。

图71 檀香紫檀（小叶檀）

属于紫檀属的木材种类繁多，但在植物学界中公认的紫檀却只有一种"檀香紫檀"，俗称"小叶檀"。图71 真正的产地为印度南部，主要在迈索尔邦。其余各类檀木则被归纳在草花梨木类中。

❹ 花梨木

花梨木色彩鲜艳、纹理清晰、美丽。据《博物要览》记载："花梨产交（即交趾，今越南）广（即广东、广西）溪涧，一名花榈树。叶如梨而无实，木色红紫而肌理细腻，可做桌、椅、器具、文房诸器。"《本草拾遗》："榈木出安南及南海，用作床几，似紫檀而色赤。为枕令人头痛。"明李时珍《本草纲目》说："榈木，木性坚，紫红色，亦有花纹者，谓之花榈木。可做器皿、扇骨诸物，俗作花梨。误矣。"《广州志》："花榈色紫红，微香，其纹有若鬼面，亦类狸斑，又名花狸。老者纹拳曲，嫩者纹直。其节花圆晕如钱，大小相错者佳。"《琼州志》云："花梨木产崖州昌化陵水。"明代黄省曾《西洋朝贡典录》载：花梨木有两种，一为花榈木，乔木，产于我国南方各地；一为海南檀，落叶乔木，产于南海诸地。两者均可做高级家具。书中还指出，海南檀木质比花榈木更坚细，可为雕刻。明《格古要论》说："花梨木出南番、广东，紫红色，与降真香相似，亦有香。其花有鬼面者可爱，花粗而色淡者低，广人多以做茶酒盏。"侯宽昭在《广州植物志》里介绍了一种在海南岛被称为花梨木的檀木"海南檀"。海南檀为海南岛特产，森林植物，喜生山谷阴湿之地。木材颇佳，边材色淡，质略疏松，心材红褐色，坚硬。纹理精致美丽，适于雕刻和做家具之用。

现代植物学研究证明，花梨木并非同一树种，前面已经讲明，花梨木树种尽归紫檀属树种。而花榈木则属于蝶形花亚科红豆属植物。传统认识中的黄花梨木属于蝶形花亚科黄檀属的植物。紫檀属的各种草花梨主产于东南亚和我国广东、广西一带，红豆属的花榈木主产于我国南方各地，黄檀属的降香黄檀（即黄花梨）仅产于我国海南岛，即侯宽昭《广州植物志》所介绍的"海南檀"。海南檀又称海南黄檀，或降香黄檀，为海南岛特产。将三种不同科属不同木质的木材统称为花梨木，显然不科学，理应将它们区分开来。

还有一种与花梨木相似的木种，名"麝香木"。据《诸番志》载："麝香木出占城、真腊，树老仆湮没于土而腐，以熟脱者为上。其气依稀似麝，故谓之麝香。若伐生木取之，则气劲而恶，是为下品。泉人多以为器用，如花梨木之类。"

世传花梨木也有新、老之分。黄花梨即人们传统认识中的老花梨，颜色由浅黄至紫赤，色彩鲜美，纹理清晰而有香味，明代比较考究的家具多为老花梨木制成。新花梨泛指各类草花梨，木色赤黄，纹理色彩较老花梨差得多。黄花梨为黄紫属，草花梨为紫檀属，将两者混为一谈，显然也是不妥当的。

❺ 铁梨木

铁梨木，或作"铁力木"、"铁栗木"。 图 72 《广西通志》谓铁梨木一名"石盐"、一名"铁棱"。产于我国广东、广西，木质坚而沉重。心材淡红色，髓线细美。在热带多用于建筑，广东有用其制作桌、椅等家具，极为经久耐用。《南越笔记》载："铁梨木理甚坚致，质初黄，用之则黑。黎山中人以为薪，至吴楚间则重价购之。"陈嵘《中国树木分类学》载："铁梨木为大常绿乔木，树干直立，高可十余丈，直径达丈许，……原产东印度。"在硬木树种中，铁梨木是最高大的一种。因其料大，多用其制作大件器物。常见的明代铁梨木翘头案，往往长达三四米，宽约60～70厘米，厚约14～15厘米，竟用一块整木制成。为减轻器身重量，在案面里侧挖出4至5厘米深的凹槽。铁梨木材质坚重，色彩纹理与鸡翅木相差无几，不仔细看很难分辨。有些鸡翅木家具的个别部件损坏，常用铁梨木修理补充。

图72　铁梨木

❻ 鸡翅木

鸡翅木为崖豆属和铁力木属树种。　图73、74　分布较广，非洲的刚果、扎伊尔、南亚东南亚及中国的广东、广西、云南、福建等地区均产此木。大体可分非洲崖豆木、白花崖豆木和铁力木三种。鸡翅木又作"鸡鹈木"或"杞梓木"，以其木质纹理酷似鸡的翅膀，故名。屈大均《广东新语》把鸡翅木称为"海南文木"。其中讲到有的白质黑章，有的色分黄紫，斜锯木纹呈细花云。子为

图73　白花崖豆木（又名鸡翅木）

图74　鸡翅木

红豆，又称"相思子"，可做首饰，因之又有"相思木"和"红豆木"之称。唐诗"红豆生南国，春来发几枝；愿君多采撷，此物最相思"，描绘的就是这种树。

《格古要论》介绍："鸡翅木出西番，其木一半纯黑色，如乌木。有距者价高，西番作骆驼鼻中绞子，不染肥腻。常见有做刀靶，不见其大者。"但从传世实物看，并非如此。故宫博物院藏有清一色的鸡翅木条案和成堂的扶手椅。如果说鸡翅木较紫檀、黄花梨更为奇缺，倒是事实，若说鸡翅木无大料，显然不妥。

鸡翅木也有新、老的说法。据北京家具界老师傅们讲，新者木质粗糙，紫黑相间，纹理混浊不清，僵直呆板，木丝容易翘裂起碴儿。老者肌理细腻，有紫褐色深浅相间的蟹爪纹，细看酷似鸡的翅膀。尤其是纵切面，木纹纤细浮动，变化无穷，自然形成各种山水、人物、风景图案。与花梨、紫檀等木的色彩纹理相比较，鸡翅木又独具特色。实际情况是新、老鸡翅木属红豆属植物的不同品种，新、老鸡翅木的说法显然也不科学。据陈嵘《中国树木分类学》介绍，鸡翅木属红豆属，计约40种。侯宽昭《广州植物志》则称共有60种以上。我国产26种，有的色深，有的色淡，有的纹美，有的纹差，品种不同而已。

图 75　金丝楠

❼ 楠　木

楠木，又写作"枬木"、"枏木"，产于我国四川、云南、广西、湖南、湖北等地。据《博物要览》记载：楠木有三种，一曰香楠，二曰金丝楠， 图 75 三曰水楠。 图 76 南方多香楠，木微紫而清香，纹美。金丝楠出川涧中，木

图 76　水楠

纹有金丝，向明视之，闪烁可爱。楠木之至美者，向阳处或结成人物山水之纹。水楠色清而木质甚松，如水杨，唯可做桌、凳之类。《古玩指南》载："楠木为常绿乔木产于黔蜀诸山，高十余丈，叶为长椭圆形。经冬不凋，花淡绿色，实紫黑。其材坚密，芳香，色赤者坚，白者脆。"

《群芳谱》载："楠生南方，故又作'南'，黔蜀诸山尤多。其树童童若幢盖，枝叶森秀不相碍，若相避。然叶似豫樟，大如牛耳，一头尖，经岁不凋，新陈相换。花赤黄色，实似丁香，色青，不可食。干甚端伟，高十余丈，粗者数十围。气甚芬芳，纹理细致，性坚，耐居水中。子赤者材坚，子白者材脆，年深向阳者结成旋纹为骰柏楠。"

《格物总论》还有"石楠"一名："石楠叶如枇杷，有小刺，凌冬不凋，春生白花秋结细红实，人多移植屋宇间，阴翳可爱，不透日气。"

晚明谢在杭《五杂俎》提到："楠木生楚蜀者，深山穷谷不知年岁，百丈之干，半埋沙土，故截以为棺，谓之沙板。佳板解之，中有纹理，坚如铁石。试之者，以署月做盒，盛生肉经数宿启之，色不变也。"传说这种木材水不能浸，蚁不能穴，南方人多用做棺木或牌匾。至于传世的楠木家具，则如《博物要览》中所说，多用水楠制成。

明代宫殿及重要建筑，其栋梁必用楠木。因其材大质坚且不易糟朽，以至明代采办楠木的官吏络绎于途。清代康熙初年，也曾派官员往浙江、福建、广东、广西、湖北、湖南、四川等地采办过楠木，由于耗资过多，康熙皇帝以此举太奢，劳民伤财，无裨国事，遂改用满洲黄松，故而如今北京的古建筑楠木与黄松大体参半。世俗都取楠木为美观，以至有于杂木之外另包一层楠木的。至于日用家具，楠木最占少数，原因是其外观终究不如其他硬木华丽。

❽ 榉　木

榉木，也可写作"椐木"或"椇木"，　图 77　明代方以智《通雅》又名"灵寿木"，我国江苏、浙江产此木。榉木属榆科，落叶乔木，高数丈，树皮坚硬，灰褐色，有粗皱纹和小突起，其老木树皮似鳞片而剥落。叶互生，为广披针形或长卵形而尖。有锯齿，叶质稍薄。春日开淡黄色小花，单性，雌雄同株。花后结小果实，稍呈三角形。木材纹理直，材质坚致耐久。花纹美丽而有光泽，为珍贵木材，可供建筑及器物用材。

据《中国树木分类学》载，榉木产于江浙者为大叶榉，别名"榉榆"或"大叶榆"。其老龄而木材带赤色者，特名为"血榉"。有的榉木有天然美丽的大花纹，色彩酷似花梨木。榉木多见于南方，北方无此木种，而称此木为"南榆"。它虽算不上硬木类，但在明清两代传统家具中使用极广，至今仍有大量实物传世。这类榉木家具多为明式风格，其造型及制作手法与黄花梨等硬木基本相同，具有一定的艺术价值和历史价值。

图 77　榉木

❾ 乌　木

乌木属柿科植物，又作"巫木"。**图 78** 晋崔豹《古今注》载："乌木出交州，色黑有纹，亦谓之'乌文木。'"《诸番志》卷下称"乌楣木"。明代黄省曾《西洋朝贡典录》里又称"乌梨木"。乌木为常驻绿亚乔木，产于海南、南番、云南等地。叶长椭圆形而平滑，花单性，淡黄，雌雄同株。其木坚实如铁，老者纯黑色，光亮如漆，可为器用。人多誉为珍木。

乌木并非一种。**图 79** 《南越笔记》载："乌木，琼州诸岛所产，土人折为箸，行用甚广。志称出海南，一名'角乌'。色纯黑，甚脆。有曰茶乌者，自做番泊来，质甚坚，置水则沉。其他类乌木者甚多，皆可作几杖。置水不沉则非也。"明末方以智《通雅》称乌木为"焦木"："焦木，今乌木也。"注

图 78　乌木

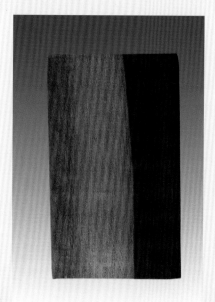

图 79 带着白色表材的乌木

曰："木生水中黑而光。其坚若铁。"可见乌木可分数种，木质也不一样，有沉水与不沉水之别。

还有一种与乌木相类似的"栌木"，檀萃《滇海虞衡志》说："乌木与栌木为一类。吴都分栌木与文木而二之，谓文木材密致，无理，色黑如水牛角。日南有之，即如王会所谓夷用焦木也。"《一统志》所载："滇之北胜元江俱出乌木，恐或是栌。真乌木当出海南，今俗镶烟管用乌木，或訾之曰此栌木管。栌与乌皆黑色木名，以坚脆分耳。"以上所说栌木与文木俱为黑色，只是坚脆不同。而现行各大词书中有关栌木的解释却都说是黄色，名曰"黄栌"，也可单称"栌"。因其外皮为黄色，属漆树科，落叶乔木。唐陈藏器《本草拾遗》说："黄栌生商洛山谷，蜀川亦有之，叶圆木黄，可染黄色。"日本习惯把野漆树称为"黄栌"，也有称"染山红"的，有叶大叶小、叶圆叶长之分。从颜色上看，它与黑色木质的"栌"差别甚大，估计这两种栌不是同一树种。

⑩ 影 木

影木，又称"瘿木"，泛指树木的根部和树干所生的瘿瘤，或泛指这类木材的纹理特征，并非专指某一树种。据老一辈匠师们讲，影木有多种，有楠木影、桦木影、花梨木影、 **图 80** 榆木影 **图 81** 等。《博物要览》卷十载："影木产西川溪涧，树身及枝叶如楠，年历久远者可合抱。木理多节，缩蹙成山水人物鸟兽之纹。"《博物要览》作者谷应泰还曾在重庆余子安家中见一瘿木桌面，长一丈一尺，阔二尺七寸，厚二寸许，满面胡花，花中结小细葡萄纹及茎叶之状，名"满面葡萄"。《格古要论》中有骰柏楠一条："骰柏楠木出西蜀马湖府，纹理纵横不直，中有山水人物等花者价高，四川亦难得，又谓骰子柏楠，今俗云斗柏楠。"按，《博物要览》所说瘿（影）木的产地、树身、枝叶及纹理特征与骰柏楠相符，估计两者为同一树种，即楠木影。

《古玩指南》中提到："桦木出辽东，木质不贵，其皮可用包弓。唯桦木多生瘿结，俗谓之桦木包。取之锯为横断面，花纹奇丽，多用之制为桌面、柜面等，是为桦木影。"

《博物要览》介绍花梨木时说："亦有花纹成山水人物鸟兽者，名花梨影木焉。"

图80 黄花梨木影

图81 榆木影

影木的取材，有的取自树干，有的取自树根。《格古要论》"满面葡萄"条云："近岁户部员外叙州府何史训送桌面是满面葡萄尤妙，其纹脉无间处云是老树千年根也。"至今还时常听到木工师傅们把这种影木称为桦木根、楠木根等。大块影木多取自根部，取自树干部位的当属少数。

树木生瘤本是树木生病所致，故数量稀少，大材更难得。瘿木又分南瘿北瘿，南方多枫树瘿，北方多榆树瘿。《格古要论·异木论》载："瘿木出辽东、山西，树之瘿有桦树瘿，花细可爱，少有大者。柏树瘿花大而粗，盖树之生瘤者也。国北有瘿子木，多是杨柳木，有纹而坚硬，好做马鞍鞒子。"

树木生瘤是任何一种树都有可能的事，但生瘤的树毕竟是少数，相比之下它比其他木材更为难得。所以大都用为面料，四周以其他木料包边，世人所见影木家具，大致如此。

⓫ 黄杨木

黄杨木 **图 82** 为常绿灌木，枝叶攒簇向上，叶初生似槐牙而丰厚，不花不实，四时不凋，生长缓慢。传

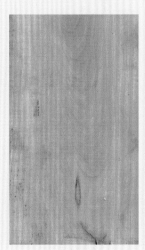

图82 黄杨木

说每年只长一寸，遇润年反缩一寸。《博物要览》提到有人曾作过试验，并非缩减，只是不长而已。《花镜》卷三介绍黄杨木说："黄杨木树小而肌极坚细，枝丛而叶繁，四季常青，每年只长一寸，不溢分毫，至润年反缩一寸。"昔东坡有诗云："园中草木春无数，唯有黄杨厄润年。"

黄杨木木质坚致，因其难长故无大料。通常用以制作木梳及刻印之用，用于家具则多作镶嵌或雕刻等装饰材料，未见有整件黄杨木家具。黄杨木色彩艳丽，佳者色如蛋黄，尤其镶嵌在紫檀等深色木器上，形成强烈色彩对比反差，互相映衬，异常美观。

采伐黄杨木也有极严格的要求，《酉阳杂俎》云："世重黄杨木以其无火也，用水试之沉则无火。凡取此木，必以阴晦夜无一星，伐之则不裂。"

图 83　樟木

⑫ 樟　木

樟木　图 83　产豫章（今江西南昌）西南，处处山谷有之。木高丈余，小叶似楠而尖，背有黄毛、赤毛。四时不凋，夏开花结子。树皮黄褐色略暗灰，心材红褐色，边材灰褐色。木大者数抱，肌理细而错综有纹，切面光滑有光泽，油漆后色泽美丽，干燥后不易变形。耐久性强，胶接后性能良好。可以染色处理，宜于雕刻。其木气甚芬烈，可驱避蚊虫。多用于制作家具表面装饰材料和制作箱、匣、柜子等存贮用具。

图 84　榆木

⑬ 榆　木

榆木　图 84　属落叶乔木，喜生寒地，我国华北及东北广大地区均有生长。树高者达十丈，皮色深褐有扁平之裂目，常为鳞状而剥脱。叶椭圆形，缘有锐锯齿，厚而硬，甚粗糙。3～4月间开细花，多数攒簇，色淡而带紫。果实扁圆，有膜质之翅，谓之榆荚，亦云榆钱，可食。其木纹理直，结构粗，材质略坚重，适用于制作各式家具。凡榆木家具均在北方制作和流行。

⓮ 桦　木

桦木 图85 产于我国辽东和西北地区，属落叶乔木，高三四丈，树皮色白有多层，易剥离。枝梢细而柔软，叶互生，卵形先端尖，叶柄长，花色褐而带黄，单性，雌雄同株。穗状花序，雄花穗特长，而下垂，雌花结实，长圆形。桦分两种：一为白桦，呈黄白色；二为枫桦，呈淡红褐色，木质略比白桦重。总体来说，桦木木质略重且硬，有弹性，加工性能良好，切削面光滑油漆性能亦佳，适用于制作家具表里。

图85　桦木

⓯ 楸　木

楸木 图86 为大戟科落叶乔木，干高三丈许。叶大圆形或广卵形，先端尖，有三尖或五尖者，嫩叶及叶柄皆呈赤色。夏日枝梢开穗状之黄绿色细花，花单性，雌雄同株。花后结实，多软刺。木材细致，供制器具之用。

楸木又名榉木、榎木、椅木、梓木等。《辞海》："榉，或作'榎'，楸也"。《尔雅·释木》："槐小叶曰榎。"注："槐当为楸，楸细叶者为榎。"《说文》："榉，楸也，榉与榎同。楸、榉，同物异名。"晚明谢在杭《五杂俎·物部》说："梓也、榉也、椅也、楸也、豫章也，一木而数名者也。"

图86　楸木

八、利用纹饰进行鉴定

利用家具上的纹饰确定家具的时代，也是鉴定家具的一个手段。家具上的装饰花纹每个历史时期都各有其时代的风格特点。同样一种花纹，时代不同，风格各异。这是由于某种纹饰都是在逐渐演化成熟，都在不断地创新。如果受到外界因素影响，如战乱、经济衰退等，它也会倒退或衰落。掌握各种纹饰在不同时期的细微变化，对鉴定家具的时代很有帮助。

❶ 龙　纹

龙纹可以作为中华民族文化的代表，从原始社会至今始终沿用不衰，但各个时期有各个时期的特点。最早的龙并没有腿和角，后来发展成有了腿和角。汉代以后，随着谶学的兴起和对龙的神话传播，龙纹被披上了一层神秘的面纱，并作为华夏最高祥瑞名物，成为华夏民族喜闻乐见的装饰题材之一。宋元明时期是中国龙纹最优美的时期，宋代文人画家郭若虚在《图画见闻志》中还总结出一套画龙的经验和规律，名曰"三停九似"："画龙者，折出三停，自首至膊，膊至腰，腰至尾相停也。分成九似：角似鹿，头似驼，眼似鬼，项似蛇，腹似蜃，鳞似鱼，爪似鹰，掌似虎，耳似牛也。"还有另一说云："头似马，眼似虾。"在这种思想的影响下，龙的形象基本大同小异，但细看仍有微妙差别。以明代龙纹为例，**图 87、88、89** 明代龙纹的特点是无论龙身为何种姿态，其龙发大多从龙角一侧向上高耸，呈怒发冲冠状。明中期前多为一绺，到明晚期多为三绺，入清后的康熙时

图 87 明 漆箱龙纹和云纹

图 88 明 黄花梨衣架透雕螭纹

图 89 明 衣架站牙螭纹

期则呈披头散发的样子。至乾隆时期龙的头顶显出七个圆包，正中稍大，周围略小。龙的眉毛在万历朝以前大多眉尖朝上，万历以后大多朝下。龙的爪子在清代康熙朝以前多为风车状，到了乾隆朝龙的爪子有四个趾头开始并合。乾隆以前的龙纹大多姿态优美、苍劲有力，至清后期，龙身臃肿呆板，毫无生机。如果龙爪看上去形似鸡爪的话，其时代则是民国时期的，这是确定无疑的。**图 90、91、92、93**

龙纹的使用在帝王时期有着非常严格的禁忌。凡以龙纹作装饰的器具，多为皇帝和后妃们所专用。皇族中的亲王们被特许使用龙纹，但不得称其为龙。到了明清时期更是严格有加，连一品二品大员也无资格使用龙纹器物，如有私制和私用者，必按僭越犯上治罪，平民百姓则更难见到龙了。因此龙纹装饰在皇宫中是极常见的，而民间则是非常少见的。皇宫中器物流出宫外，是有可能的，但应是极少数。辛亥革命推翻了帝制后，在溥仪小朝廷时期，溥仪解散了造办处，当时造办处的一些工匠出宫之后，仿做皇宫中器物，以谋生计，龙纹再也不是皇家的专利。因此，可以下这样的定论，现存民间的绝大多数龙纹家具，基本都是民国以后的。

图90　清初　紫檀宝座螺钿龙纹

图91　清　红木衣架刻龙纹

图92　清　博古架托角牙夔纹

图93　清　博古架坐角牙夔纹

❷ 云 纹

　　云纹大多象征高升或如意，应用较广，多为陪衬图案。形式有：四合云、如意云、朵云、流云等，常和龙纹、蝙蝠纹、八仙、八宝纹组合在一起。图 94、95、96、97　云纹在思想观念中常称为"庆云或五色云、景云、卿云"，古以为祥瑞之气。《汉书·礼乐志》郊祀歌："甘露降，庆云集。"又《天文志》："若烟非烟，若云非云，郁郁芬芬，萧索轮囷。是谓庆云，喜气也。"景云又称"祥云"，《孝经·授神契》："德至山陵则祥云出，德至深泉则黄龙见。"《后汉书·蔡邕传·释海》："连光芒于白日，属炎气于景云。"《瑞应图》："景云者，太平之应也。一曰：非气非烟，五色氤氲，谓之庆云。"云纹是历朝历代，上至皇室贵族，下至平民百姓喜闻乐见的装饰题材之一。

图94　清　雍正
识文描金云纹

图95　清　乾隆晚期描金云纹

图96　清　乾隆紫檀雕云蝠纹

图97　清初　红漆描金朵云

云纹在各个时代中的形象也存在这样那样的差异，可以根据这些不同差异断定器物的年代。如：明代云纹大多为四合如意式，即四个如意头绞合在一起，上下左右各有云尾，其造型如"卍"字形。也有两侧云尾平行朝向左右两个方向的，属于朵云类。还有两侧云尾平行，上下用条状云纹，上下朵云斜向连接，构成大面积云纹图案，这种形式属于流云。进入清代康熙时期，云纹的风格就不一样了，云纹大多为一个大如意纹下无规律地加几个小漩涡纹，然后在左侧或右侧加一个小云尾，很少见到上下有云尾的。雍正时期的云纹一般较小，而且都有细长的云条连接，云条流畅自如，很少有尖细的云尾。乾隆时期的云纹又与前代不同，它有三种形式：一种是起地浮雕，以一朵如意云纹作头，从正中向下一左一右相互交错，通常五朵或六朵相连最后在下部留出云尾；另一种是有规律地斜向排列几行如意云纹，然后用云条连接起来，云头雕刻时从正中向四外逐渐加深，连接的云条要低于云朵，使图案显出明显的立体感来，这种纹饰大多为满布式浮雕；还有一种无规律的满布式浮雕也属于这一时期的常见做法，而在清代雍正年以前乃至明代，绝大多数为起地浮雕，很少见到满布式浮雕的图案。

❸ 各式吉祥语纹饰

清代晚期家具的装饰花纹多以各种物品名称的谐音拼凑成吉祥语。 图 98、99、100、101、102 如：两个柿子和如意组合，或和

图98　清晚至民国　"蝠庆有余"纹

一朵灵芝组合，名曰"事事如意"；蝙蝠、寿山石加上如意或灵芝，名曰"福寿如意"；宝瓶内插如意，名曰"平安如意"；佛手、寿桃、石榴组合，名曰"多福、多寿、多子"；满架葡萄或满架葫芦寓为"子孙万代"；一支戟上挂玉磬，玉磬下挂双鱼，名曰"吉庆有余"；喜鹊和梅花组合寓意"喜上眉梢"；把灵芝、水仙、竹笋、寿桃组合，名曰"灵仙祝寿"……不胜枚举。晚清家具大多造型臃肿、呆板，雕刻不精，装饰花纹粗俗，无意趣可言。总而言之，我国自清末至民国时期制作的家具，无论从造型、结构、雕刻手法及装饰题材等方面，研究和借鉴的价值不大。

图99　清末　"如意双蝠"纹

图100　清中　西莲花

图101　清晚　"福寿双全"纹

图102　清末　红木雕灵芝

九、明清家具时代鉴定

　　明清家具的时代和时代特征目前还有很多人不太清楚。"明代家具"，它是专指明代制作的家具，属于时间概念。而明式家具则是专指明代形成的艺术风格，没有时间概念。无论清代和现代，凡按明代风格仿制的家具均可称之为明式家具。清代家具和清式家具也同样是这个道理。明式家具和清式家具分别代表明清两代的优秀家具，它不能与明代家具或清代家具相提并论。有的家具确实是明代或清代制作的，但材质不贵，制作不精，或已残破不堪，仍不能称其为明式或清式家具。明代的优秀家具可称明式，清代和以后依明代式样仿制的器物也仍然可以称为明式。依据这个论点，又可区分出明式清代、明式现代和清式现代的品种来。如果混淆了"代"与"式"的概念，鉴定工作将无法进行。

❶ 利用有确切纪年的家具对比

　　传世家具中有相当一部分是带有确切纪年款识的，为我们鉴定家具时代提供了可靠依据。年号款是家具制作完成后，在家具的某一部位或写或刻标明为某年某月制造，如"大明某年制"、"大清某年制"等。购置款是某年某月购于某地的款识。题识款，有历史名人题记或其他方式，都有很重要的参考价值。在对每一件家具作鉴定时，必须先判别出器物是原件还是仿品，确定了真品之后，以此为标准物与众多无款器物相比较，力求得出较正确的结论。

　　故宫博物院是明清两代皇宫，是全国收藏古典家具最多的地方。除明清两

代最受推崇的高档硬木家具外，还有相当一部分
漆木家具，在传统家具体系中占有重要的位置。
尤其是一部分有具体年款的，具有重要的参考价
值。这批家具的具体年款有明宣德款、万历款、
崇祯款和清康熙款、乾隆款，其形式有桌、案、
椅、榻、橱柜、书架、箱匣等，造型纹饰和制作
均都优美精致，对于研究明清家具造型、工艺及
时代特征是不可多得的实物资料。现将这些漆木
家具按时代排列，广大收藏爱好者可结合自家藏
品，参考对比。

　　彩漆螺钿云龙海棠式香几一件，明宣德，面圆
径38厘米，通高82厘米。 图 103

图103　彩漆螺钿云龙海棠香几

　　几面海棠式，边起拦水线，面下束腰，拱肩三
弯式腿，象鼻式足，接海棠式平面托泥，下承龟脚。周身黑漆地，几面彩绘朵云
嵌硬螺钿龙戏珠纹，四周彩绘嵌螺钿折枝花卉。壶门式牙板，饰描彩折枝花卉。
拱肩及腿部对称两条描彩升龙，两条嵌螺钿升龙，间布折枝花卉。象鼻足下承圆
珠，坐落在开光鱼藻纹海棠式须弥座上。底光黑
漆，在边框一侧刻楷书"大明宣德年制"戗金
款。这件香几最初是宣德时制品，但后来经过了
数次修饰。如今，几面彩绘的朵云及嵌螺钿龙戏
珠纹和四周嵌螺钿折枝花卉纹，具有浓厚的万历
风格；四腿原为嵌五彩螺钿升龙，而现在只有两
条腿保留着嵌螺钿龙纹，另两条腿上依稀还可看
出原来镶嵌龙纹的痕迹，两条彩漆龙纹显系后来
改制，从风格看出，具有明显的康熙时期特点；
海棠式须弥座上的开光鱼藻纹也是康熙时期所
绘，款文疑为修饰后重刻。

　　剔红牡丹花茶几一件，明宣德，面方43厘
米，肩宽45厘米，托泥最宽57厘米，通高84厘
米。 图 104

图104　剔红牡丹花茶几

图105 填漆戗金双龙立柜

几面作正方银锭委角式，边起拦水线，下承束腰，拱肩直腿带托泥。通体剔红串枝牡丹花纹，几面双飞孔雀串枝牡丹，凹心回纹锦地边。四面牙板开壶，鹤腿蹼足带托泥。侧脚收分明显，极具稳定感。黑素漆里，刻"大明宣德年制"款。此器颜色鲜红，刻工精炼，孔雀和花卉生动饱满，刀法亦保持藏锋圆润的特点，为明代大件剔红器物中稀见之物。综观宣德时代的家具，造型秀气而庄重，高纵挺拔，纹饰写实生动，构图丰满，富于朝气。

填漆戗金双龙立柜一对，明宣德，柜身横92厘米，纵60厘米，高158厘米。**图105**

柜作齐头立方式，两扉中间有立柱，下接裙板，直腿间镶拱式牙条。黄铜素面合页，包铜套足。周身红漆，柜正面左右两门相对。雕填戗金升龙二，龙为紫色漆底，二龙各伸一爪高举聚宝盆，间布流云。下部立水，红万字黑方格锦纹地，四周和中栓戗金雕填串枝莲。门下裙板雕填戗金双龙戏珠，左右侧雕填戗金正龙一，间布流云。下部戗金填彩立水，满布红万字黑方格锦纹地。围以红色漆地戗金填漆串枝勾莲边，膛板边缘饰金彩流云。黑漆地柜背，上部描金加彩"海屋添筹"，下部金彩花鸟。在柜背上横框上，有阴刻戗金"大明宣德甲戌年制"楷书款。查宣德年间无"甲戌"年，宣德年以后的甲戌年是景泰五年、正德九年、万历二年和崇祯七年，另外嘉靖以前的漆器款文中加干支字的极为少见。其次，立柜的漆色和纹饰以及柜型都不像宣德时代的艺术风格。故疑款文为明万历时改刻的。

图106 黑漆描金
龙箱式柜

　　黑漆描金龙箱式柜一件，明万历，横73厘米，纵41.5厘米，高63厘米。**图 106**

　　柜上开盖，盖内有屉，前沿有插销，可管住插栓。柜盖四周描金行龙，间布串枝牡丹花。柜盖下横梁及柜门四角描金斜方格枣花锦，当中开光，描金行龙及朵云。门心及后背、盖面菱形开光，描金双龙戏珠，一升一降，间布缠枝花。开光外侧四角，饰缠枝莲花。下侧有突出柜身的柜座。在插门内横梁正中，有描金"大明万历年制"楷书款。

　　填漆戗金云龙纹柜一件，明万历，柜通高174厘米，横124厘米，纵74.5厘米。**图 107**

　　柜为平顶立方式，两门中间有活动插栓。铜质碗式门合页，柜内设活动屉板二层。柜身正面对开两门，填彩葵花式开光，紫脸戗金行龙两条。下部填彩立水，红万字黑方格锦纹地，四周和中栓戗金填彩开光花卉，下部开光鸳鸯戏水。两侧戗金填彩云龙立水，开光填彩花卉边沿。柜后背

图107 填漆戗金云龙纹柜

图108　黑漆嵌螺钿描金云龙纹书架

图109　黑漆嵌螺钿彩绘描金云龙纹长方桌

上部填彩戗金牡丹、花蝶，下部填彩松鹿，围以串枝勾莲。黑素漆里，填彩串枝莲边缘屉板。柜后背刻"大明万历丁未年制"楷书款。

黑漆嵌螺钿描金云龙纹书架一对，明万历，高173厘米，横157厘米，纵63厘米。 图108

书架为齐头立方式，分三层，后有背板，两侧面各层装壶门形卷口牙子。该架通体黑漆撒嵌金银螺钿沙地，架内三层背板前面，饰描金双龙戏珠，间以朵云立水。柜身边框开光描金赶珠龙，间以花方格锦纹地。屉板描金流云，两侧壶门式卷口牙子饰描金串枝勾莲，足间镶拱式牙条和牙头，黄铜足套。背面绘花鸟三组，边框绘云纹。背面上边刻有"大明万历年制"填金款。另一件伤残严重。

黑漆嵌螺钿彩绘描金云龙纹长方桌一件，明万历，桌长125.5厘米，宽47厘米，高78.5厘米。 图109

桌面边缘起拦水线，剑柄式腿，腿间镶壶门式拱牙，黄铜足套。周身黑漆地，案面面心及周匝边纹作装饰，图案用薄螺钿填嵌而成。牙板及腿足上的龙纹用彩漆描绘，并以泥金描纹理。腿足里面及横枨上以彩漆描金手法装饰花卉纹。案底里面有刀刻填金"大明万历年制"款。

书架和长方桌制作异常精工，边线匀直，棱角方正，花纹细腻，都是万历时漆工艺品中罕见的作品。

填漆戗金云龙纹长方桌一件，明万历，面长89厘米，宽64厘米，高71厘米。

桌为案形结体，边缘起拦水线，剑柄式腿，镶壶门式牙板，黄铜足套。周身红

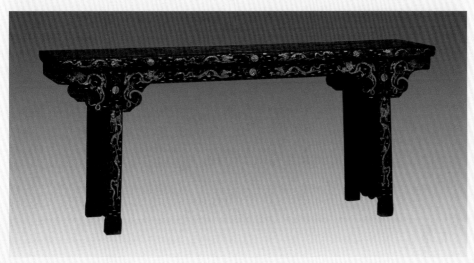

图110 黑漆嵌螺钿书案

漆地，桌面葵花式开光，雕填戗金双龙戏珠。上部聚宝盆，下部八宝立水，间以填彩流云。四角折枝花卉，边黄色起线，填红格黑万字锦纹地。牙板雕填戗金双龙戏珠，腿和枨雕填勾莲花卉加红色线边。红色漆里，中刻"大明万历癸丑年制"款。

黑漆嵌螺钿书案一件，明万历，横197厘米，纵53厘米，高87厘米。 **图 110**

该案平头，直腿，无托泥。通体黑漆地，满嵌厚螺钿。面嵌坐龙、行龙及朵云，边嵌赶珠行龙，如意云头形牙板，直腿泥鳅背，足镶云头铜包角。如意云头形挡板，均以螺钿嵌龙纹及朵云。案里用螺钿嵌"大明万历年制"楷书款，为明代螺钿书案中稀见之物，甚为珍贵。

黑漆描金云龙药柜一对（故宫博物院与中国历史博物馆各藏其一），明万历，柜高94.5厘米，横78.8厘米，纵57厘米。 **图 111**

柜取齐头立方式，两扉中有立柱，下接三个明抽屉，腿

图111 黑漆描金云龙纹药柜

间镶拱式牙板。通体黑漆地，正面及两侧上下描金开光升降双龙戏珠，背面及门里为松、梅、竹三友图和花蝶图案。药柜内部中心有八方转动式抽屉，每面10个，共计80个抽屉。两边又各有一行10个抽屉，每屉分为3格，共盛药品140种。柜门、抽屉和足都装饰黄铜饰件，极为精致。柜门用球形活动轴，既便于转动，又实用美观。柜内部抽屉上涂金签各3个，标明各种中药的名称。柜背面上边描金，书"大明万历年制"款。

黑漆描金云龙长箱一件，明万历，箱长126厘米，宽47.5厘米，缺盖，高62厘米。

箱底四边有宽出箱体2厘米的托座，两侧有提环。通体以泥金描画朵云和双龙戏珠，下部点缀海浪纹。图案以金漆描画后再以黑漆描纹理，使图案异常清晰。在箱体正面上侧正中，以泥金书写楷体"大明万历年制"款。

上述几件柜的设计是非常巧妙的，堪称为古代家具中美观、实用的典型。

填漆戗金云龙纹琴桌一件，桌面横97厘米，纵45厘米，高70厘米。

桌长方形，下承束腰，直腿，内翻马蹄。周身红漆地，面长方开光，戗金二龙戏珠。雕填彩云立水，开光外黑方格锦纹地，四周葵花式开光，戗金方格锦纹地。侧沿填彩朵云，束腰戗金填彩缠枝花卉。戗金双龙戏珠纹立水沿板。腿面戗金填彩赶珠龙，间黑万字方格锦纹地，腿里部素地填彩朵云。黑素漆里，与桌面隔出一定空隙，镂空线纹两个，目的是为提高琴音效果，起到共鸣箱的作用。无款。

填漆戗金山水二人凳一对，横134厘米，纵44.5厘米，高54厘米。

凳长方形，四周戗金填彩龙戏珠，边填彩如意、朵云图案。腰板填彩缠枝花卉，沿板戗金填彩开光赶珠云龙，间以方格万字锦纹地。四腿以开光填彩升龙图案，腿里部戗金填彩朵云，黑素漆里。形式与填漆戗金云龙长方琴桌基本相同，漆色也完全一样，唯有凳为山水图案。无款。

上述琴桌和二人凳虽无款识，但造型和漆工制作手法极精。从其漆色及花纹风格看，与明代万历时期具确切年款的填漆戗金器物相比较，风格、特点完全相同，应属于明万历或明晚期制品。

黑推光漆棋桌一件，桌面横84厘米，纵73厘米，高84厘米。 图 112

桌面边缘起拦水线。活榫三联桌面，足合四分八。凸起罗锅枨式桌牙，正中桌面为活心板，绘黑地红格围棋盘，背面黄漆地，盘侧镶圆口棋子盒两个，均有盖，内装黑、白料制围棋子各一份。棋盘下有方槽，槽内左右装抽屉两个，内附雕玉牛牌24张，雕骨牌32张，骨骰子牛牌2份，纸筹2份，骰子筹等一份，均带木匣。锡钱二串。通体黑漆地，无款。从其漆色及做工来看，应为明万历时作品。综观明万历时期的家具，形式丰富，设计精巧，总的风格是安定多于秀气。

填漆戗金云龙纹罗汉床一件，明崇祯，长183.5厘米，宽89.5厘米，面高43.5厘米，通高85厘米。**图113、114**

该床取四面平式，四面牙板开壶门式曲边。牙板甚宽，四腿方形，甚粗壮，扁马蹄儿。通体红漆地，床身正面及左右两侧雕填戗金双龙戏珠，间填彩朵云。床围里面雕填戗金海水江崖，中间饰正龙，双爪上举聚宝盆。两侧行龙各一，间布彩云及杂宝。扶手内外饰海水江崖，双龙戏珠，间布填彩朵云。床身后面及床围后面雕填戗金山石、栀子花、梅花及喜鹊。在后背正中上侧刻"大明崇祯辛未年制"款。

故宫博物院还收藏着一套黑漆嵌螺钿花鸟罗汉床和黑漆嵌螺钿花鸟架子床，其造型及风格特点与这件崇祯款的罗汉床完全相同。这两件床虽无款识，可以断定，它们的制作年代应当是同时代的。再联系

图112 黑推光漆棋桌

图113 填漆戗金云龙纹罗汉床

图114 填漆戗金云龙纹罗汉床制作年款

到与这两件床相配套的翘头案，也就不言自明了。

铁梨翘头案，明崇祯，长343.5厘米，宽50厘米，高89厘米。 图 115、116

铁梨木制案，独板为面，案面甚厚，约近三寸。翘头与案面两端的堵头系一木连作，案里铲挖出凹进去的圆穹，目的在于减轻器身重量。牙条贯通两腿，夹头榫结构，牙头外形做出云纹曲边，当中自腿边向两侧浮雕出眯着眼睛的象纹。象鼻微卷，两象合起来，又好似下卷的云纹。案腿素混面，落在托泥上。腿间上部有横枨，正中挡板用厚材镂雕大朵云头，居中垂挂，四角镶云纹角牙。整体效果凝重雄伟，气度非凡。难得之处在于案里正中有刀刻"崇祯庚辰仲冬制于康署"十字款（崇祯庚辰即崇祯十三年，1640年）。由此得知，此案乃广东德庆县制品。此款应为主人在德庆县购置此案时所作的纪念款，对研究明清时期广式家具有极其重要的参考价值。

黑漆嵌螺钿山水花卉书架一对，清康熙，高223厘米，宽114厘米，厚57.5厘米。 图 117

书架立方齐头式，分四层，直腿，腿间镶仰荷叶拱牙。黄铜足套，周身黑漆地，用五色薄螺钿和金银片托嵌成锦地开光，开光内以五彩螺钿嵌成各式山水、花卉、人物等图案。其中包括各种图案锦纹36种，山水人物8种，花果草虫22种，共计66种。其他为各式折枝花卉，大小图案共计137种。在中间一层底面中带上刻"大清康熙癸丑年制"款。这对书格的精美之处主要表现在以下几个方面：首先是做工精细，在不到一寸见方的面积上做出十几个单位的锦纹图案，镶嵌花纹非常规矩，

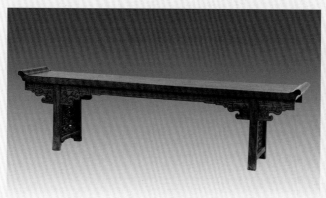

图115 铁梨翘头案

图116 铁梨翘头案制作年款

从钿片剥落处可以看出螺钿和金银片的厚度比常见的新闻纸还薄，显示出镶嵌艺人们高超的工艺水平；其次是装饰花纹优美，各种山水、人物、树石、花鸟草虫等形象生动，再次是装饰花纹丰富多彩，不同花样的图案锦纹就达36种之多，其中有二十几种是其他工艺品中从来没有见到的；此外，色彩调配恰到好处，镶嵌的花朵色彩变化无穷，如从正面看是粉红色的，从侧面看是淡绿色的，再从另一角度看又变成白色的了，说明镶嵌艺人们在处理螺钿的自然色彩时，是十分精心的。

图117　黑漆嵌螺钿山水花卉书架

黑漆嵌螺钿云龙纹翘头案一对，清康熙，案通高87厘米，横232厘米，纵52厘米。

通体黑漆地，面嵌彩螺钿正龙一，行龙四，散布流云。四周开光赶珠龙，间布天花锦纹地，两翘嵌彩螺钿双龙戏珠，散布五彩流云。边沿通嵌各式赶珠行龙，间布彩云。四腿各嵌彩螺钿升龙一，足部彩云立水，散布流云。两侧挡板各嵌正龙一，行龙一，间布彩色立水、彩螺钿流云。足下有垫木托泥，红素漆里。中带上刻"大清康熙丙辰年制"款。

黑漆嵌螺钿席心圈椅一件，横64.5厘米，纵48.5厘米，背高53厘米，座高54厘米，通高107厘米。

此椅笏式背板，圆形椅圈及扶手，面下正面装壶门卷口，步步高赶枨，侧脚收分明显。通体黑漆地，背开光嵌螺钿仕女图及树石花卉，椅圈及牙子嵌螺钿折枝花卉，席心椅面。红色漆里，黑色漆背。此器虽无款识，但从漆色及镶嵌手法看，与前两件风格基本相同。镶嵌的螺钿极薄，与螺钿书格镶嵌手法极为相近。从该椅的造型看，基本保留着明式家具的艺术风格和特点。用前两件与此椅作比较，可以推断此椅的时代应为清代康熙时期。

　　黑漆嵌螺钿长方桌一件，清康熙，桌面横160厘米，纵58厘米，高82厘米。

　　案形结体，圆形直腿，腿间镶直牙条及牙头，侧面腿间装双枨，黄铜套足。周身黑漆地，用硬螺钿嵌山石、牡丹、玉兰、花鸟等图案。四周嵌开光花卉，间布锦地，牙板、足、枨均撒嵌折枝花卉，红色漆里。桌里中带上刻"大清康熙甲寅年制"款。图案生动饱满，钿色艳丽，在嵌钿大件器物中堪称稀见之物。

　　黑漆嵌螺钿书案一件，清康熙，面横193.5厘米，纵48厘米，高87.4厘米。 **图 118**

　　案长方形，云头式抱腿牙及沿板，镂空云头挡板，足下有托泥。通体黑漆地，面撒嵌螺钿加金山水人物，间以开光花卉，加金钱纹锦。全身撒嵌螺钿加金，开光折枝花卉，间碎花锦纹地。里刻"大清康熙辛未年制"楷书款。

　　填漆戗金炕案一件，清康熙，横长160厘米，纵30厘米，高39厘米。

　　案面黑漆地，雕填戗金开光花卉，红色钱纹锦地，两端雕填折枝花卉，红万字方格锦纹地。鳅背小圆翘头，沿板和腿部均戗金双勾红线，填彩暗八仙。戗金填彩流云，散布折枝花卉。左右瓶式板腿，里面均彩漆雕填串枝勾莲花纹。红素漆里，有"大清康熙年制"楷书款。

　　填漆戗金云龙双环式香几一对，清康熙，高50.5厘米，横24.4厘米，纵23厘米。

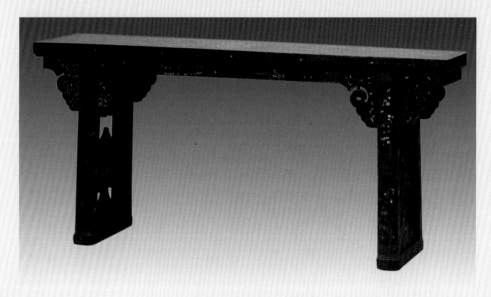

图118　黑漆嵌螺钿书案

几面为双圆相错式，下承束腰，卷鼻式六腿，下承珠式足，有套钱式托泥。周身黄漆地，面上填彩漆红、蓝色二龙戏珠，彩云立水，边缘散布填彩花蝶，填彩折枝花牙板。肩以下和腿、足里面均填彩百蝶和折枝花卉。底光黑漆，中刻"大清康熙年制"款。

填漆戗金云龙梅花式香几一对，清康熙，高52厘米，面圆径25厘米。

几面为梅花式，下承束腰，拱形腿五条，足向外翻卷，珠式足下承圆盘式托泥。周身黄漆地，几面戗金雕填黑色正龙一，间以彩色流云海水，边开光折枝花卉，束腰及壸门牙板填彩开光折枝花卉，间以勾莲图案。五腿开光折枝花卉，均间以"卍"字锦纹地，彩色勾莲纹托泥。底光黑漆，中刻"大清康熙年制"楷书款。

填漆戗金云龙海棠式香几一对，清康熙，通高74.5厘米，横38厘米，纵29厘米。

几面为海棠式，下承束腰，拱式腿，足向外翻，下有海棠式托泥。周身黄漆地，以填彩漆和戗金手法，饰锦地开光云龙和折枝花卉。几面雕填黑漆正龙一，下部海水江崖，龙身红色火焰，散布彩色飞云。边缘开光花卉，填黑钱纹锦地，足托雕填红色正龙一，填黑流云立水。底光黑漆，中刻"大清康熙年制"款。另一几面雕填红色正龙，足托雕填黑色正龙，具有明显的明式风格。

填漆戗金云龙香几一对，清康熙，通高50.4厘米，面见方25.5厘米，底见方25.7厘米。

几面正方，下承束腰，拱式腿，足向外翻，下有方盘形托泥。周身黄漆地，雕填戗金。几面葵花式开光，戗金行龙、彩云、聚宝、立水，四角开光勾莲团花，黑"卍"字方格锦纹地，腰板彩色螭纹，四腿彩色折枝花卉。托泥葵花式开光，戗金云龙、立水，黑"卍"字方格锦纹地。黑素漆里，中刻"大清康熙年制"款。

填漆戗金云龙炕桌一件，桌高26厘米，横85.5厘米，纵57厘米。

桌面长方，下承束腰，拱形腿，足向里勾，勾下各有一圆球。周身黄漆地，面填朱漆戗金升龙一，周围散布五彩流云，红斜方格黑万字锦纹地。周有黑漆栏，边填漆戗金开光赶珠龙一、折枝花卉二，间以钱纹锦地。腰板戗金彩色螭纹图案，如意云头式牙板，雕填戗金彩色双龙戏珠。卷云式抱角，肩周填团莲各一。填彩双螭纹足，黑素漆里。这件炕桌虽无款识，从其纹饰、色彩以及灵巧秀气、疏朗潇洒的风格看，与前述香几特点极为接近，估计是康熙年制品。

黑漆地识文描金长方套箱一件，清雍正，外箱长189厘米，宽50厘米，通高49

厘米；内箱长178厘米，宽40.5厘米，通高35.5厘米。 **图 119**

该箱分内外两层，下有8厘米高的底座，底座上镶有长182厘米、宽45厘米、高3.5厘米的垛边。内箱四角下有3.5厘米高的矮足，与垛边齐平，正好放进垛边里口。内箱箱壁较高，上盖较窄，只有7.4厘米高的竖墙。外箱箱盖四壁有41厘米，箱盖里口正好套在垛边外口。外箱箱盖长186厘米，宽48.5厘米，较箱座略小。每层箱体两端有铜质提环。通体黑漆地，用泥金勾画龙戏珠纹，周围间布流云。黑素漆里，不露木骨。在外箱箱盖正中，满汉对照描金题签"雍正元年吉月孝陵所产耆草六苁计三百茎敬谨贮内"。耆草在古代常用来占卜。

红雕漆炕几一件，清乾隆，横94.5厘米，纵25.5厘米，高34.5厘米。

几呈长条形，通体以剔红手法满布花纹。几面回纹边，中心浮雕拐子纹及西洋卷草，正中点缀蝙蝠及鲶鱼，侧沿及腿浮雕蝠、桃及拐子纹。镂空拐子纹托角牙。两侧开光洞，下端上翻云头，海水纹托泥。几里正中刻"大清乾隆年制"款。

紫檀嵌螺钿龙纹宝座，清初，面长148厘米，宽90厘米，故宫博物院藏。

宝座紫檀木制，席心坐面。面下有束腰，鼓腿彭牙，内翻马蹄。框式托泥，带龟脚。在牙条及腿面上用彩螺钿以周制镶嵌法嵌夔龙纹，龙纹隐起如浮雕。面上三面座围，呈五屏式。后背三拼，攒框镶紫檀木板心，用象牙细条镶出方形绦线，当中用五彩螺钿凸嵌出云纹、龙纹及"寿"字。两扶手两面镶嵌双龙纹，镶嵌手法高

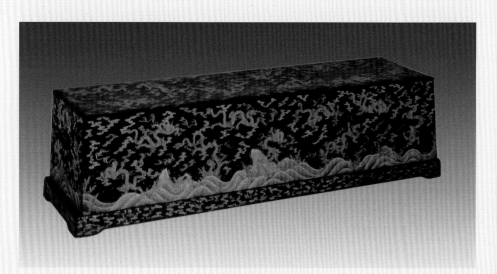

图119　黑漆地识文描金长方套箱

超，钿色处理得当，图案形象生动，具强烈的立体感。此宝座为清代初期家具艺术精品。

紫漆描金书桌，清雍正，横194.5厘米，纵77.5厘米，高86.5厘米，故宫博物院藏。

长桌木胎髹黑漆，外加描金彩绘。面下有束腰，镂空卷云纹。束腰下衬托腮，彭牙直腿回纹马蹄。四腿与两侧牙子之间有直角托角枨，当中的方孔镶镂空卡子花。四面牙条下又额外镶透雕拐子纹花牙一周。牙条与腿的漆面上，无规律地散布圆形皮球花纹。值得一提的是，这些圆形皮球花纹各不相同，没有一个重样，说明艺人们当时为制作这件家具投入了极大的心力。桌面之上以黑漆做地儿，用金漆描绘山水风景图：树石花卉，小桥流水，亭台楼榭，由近及远，层次分明；一草一木皆能刻画入微，运笔娴熟。画面构图严谨，具有极高的绘画功底，体现了清代雍正至乾隆时期高超的漆工艺术水平。

黑漆金髹龙纹交椅，清雍正至乾隆，面宽52.5厘米，纵41厘米，通高105.5厘米，故宫博物院藏。

交椅木胎髹黑漆，圆形椅背，顺起六道圆棱，且有高低起伏，尽端圆雕龙头。椅圈黑漆，龙头金漆。靠背板正中高浮雕双龙戏珠，背面浮雕海水云纹间道教五狱真形图。椅圈及扶手下流云纹牙条，均髹金漆。腿间镶透雕螭纹花牙，下有踏床。椅面用丝绳编结造型稳定，使用适度，是清代前期家具艺术精品。

鹿角椅，清乾隆，横92厘米，纵76.5厘米，座高53.5厘米，通高131.5厘米。

该椅除坐面、靠背外，全部用天然鹿角制成，造型别致。四腿用四支鹿角制成，角根部分作足，其自然形态恰好形成外翻马蹄。前后两面椅腿向里的一侧横生一叉，构成支撑坐面的托角枨。两侧面用另外的角叉作榫插入，形成托角枨。坐面用黄花梨木制成，前沿微向内凹，外沿用牛角包嵌成两条横向素混面，中间嵌一道象牙细条。坐面两侧及后面的边框上装骨雕勾卷云纹花牙。再上即为靠背、扶手，系用一只鹿的两只角做成，两只角的角根还连在鹿的头盖骨上，正中用两支两端作榫的角把坐面和两支作椅圈的鹿角连在一起。椅圈的角从搭头处伸向两边，又向前顺势而下，构成扶手。椅背两支竖角之间镶一块红木板心，以隶书体刻乾隆帝壬辰(乾隆三十七年，1772年)季夏题诗："制椅犹看双角全，乌号命中想当年；神威讵止群藩詟，圣构应谋万载绵；不敢坐兮恒敬仰，既知朴矣愿捐妍；盛京惟远兴州近，家法钦承一例然。"

此椅还另附脚踏一只，长60厘米，宽30厘米，高12厘米。四足用两对小鹿的角做成，角分两叉，主叉做支，侧叉做枨，黄花梨木制成板面外沿亦用牛角包边。

清朝在入关前，以狩猎和采集为生，能骑善射，骁勇善战。入关后，为巩固统治地位，大肆宣扬以弓矢定天下的宏伟业绩，强调"居安思危"，把骑射武功定为家法祖制，要示后代矢志不忘。清统治者每年到塞外行围打猎，寓武功骑射于围猎、娱乐之中，把所获鹿角制成鹿角椅，既炫耀自己谨遵祖制之功，又将其作为教育后代的教具。可见，鹿角椅的制作，始终充满强烈的政治色彩。

这件鹿角椅为清代乾隆三十七年（1772年）所制（孤品），一直收藏在北京故宫博物院。自1988年12月出版的《中国工艺美术全集·工艺美术编·竹木牙角卷》收录了这件家具之后，民间多有仿制，而且还当做清代原物出售，坑害买主。

从明宣德（1426—1435年）到清乾隆（1736—1795年）近370年，虽然所举实例时代不全，家具样式也不多，但可见到家具形式演变的一个大略过程，并可看出各时代家具形式的不同特点。这些不同特点，足可作为鉴定这一时期内不同时代不同品类家具的部分标准。

❷ 利用档案材料证实

故宫博物院收藏有一件彩漆描金海幄添筹图膳桌。桌为木胎，外髹黄漆加描金彩绘。四边及侧沿饰描金委角方格，格内描金菊瓣团花。面下有束腰，上下装托腮，饰描金莲瓣纹。束腰镂出透孔，间饰石竹花。四角拱肩直腿，下端内翻马蹄，附方形承足。牙板边缘镂作云头，饰描金加彩芙蓉花。桌面正中，以彩漆描绘"海幄添筹"图。画面中绘波涛汹涌的大海，海中有仙山楼阁，楼中陈设宝瓶，内插筹码。空中有飞翔的仙鹤，口中衔筹，欲往瓶中插筹码。仙山周围散布若干小岛，点缀苍松翠柏，以增加画面的仙境气氛。此祝颂长寿之物过去一直认为它是清代中期制品。据《宫中进单》508包贡档载"雍正六年九月十三日，浙江布政使高斌进海幄添筹膳桌十二围"，而现存宫中的这类膳桌数量极少，足可证明此桌为清代雍正年所制。 **图 120**

另有两件紫檀漆面圆转桌，波罗漆面心，桌面下镂雕拐子纹花牙。面下正安圆柱式独腿，分两节，上节以六个角牙支撑桌面，下节以六个站牙抵住圆柱。下节圆柱顶端有轴，上边的圆柱下端有圆孔套在轴上，桌面可左右转动。据清宫档案《宫

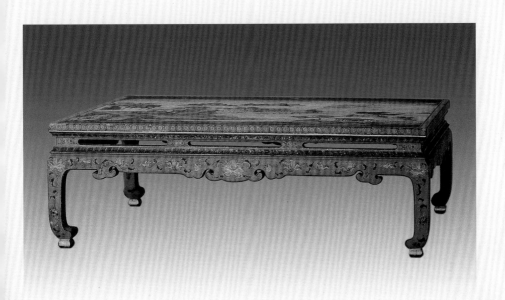

图120　清　黄漆地彩绘海蜒添筹纹炕桌

中进单》载："乾隆十八年十一月二十日，九江关唐英进波罗漆圆桌成对。"查宫中现存仅此两件，可以断定这两件圆桌是乾隆时制品。 **图 121**

　　还有一件黑漆描金靠背，器身由座面及靠背两部分组成，没有四足。靠背下出轴，微弯而上，以卷舒作结束。框内用丝绳编织成有暗纹的软屉，后有支架，可以调节后靠背的角度。座面边框黑漆地，描金蝙蝠、流云，两侧及后沿安拐子纹栏杆，前低后高。在拐子纹图案的空当中，又嵌以紫金锭香料片雕成的小拐子纹。前后座面用八角形或四方形香料片填嵌而成，据说是用二十多种中草药配制的，用于

图121　紫檀漆面圆转桌

装饰器物，谓之"填香"。由于嵌件脱缺严重，一直没有以文物对待。后来从内务府档案中查出，雍正七年（1729年）十月二十一日，江宁织造隋赫德所进陈设单中有"仿洋漆填香炕椅靠背一座"，始知此器为清代雍正年所制。而且现存仅此一件，是非常珍贵的家具品种。 图 122

❸ 利用各时代绘画、版画、石刻及墓葬出土的家具冥器对比

给家具定时代还可利用历代绘画进行对比。但有几点要提请注意：一是作品要真实，绝非赝品；二是作者的时代，一般来讲，画中所反映的家具都带有明显的时代性，什么时代画的画，就是什么风格。如明刻本《於越先贤像传赞》中刻画的家具图，它反映的是明代时期的家具。清代《马骀画宝》中所描绘的家具它反映的全

图 122　黑漆描金靠背

部是清代风格的家具。而决不能因为描绘
了某个历史人物，就定为汉代、唐代或宋
代家具。举个很简单的例子，一个清代人
画了一个司马迁像，给司马迁坐了一把椅
子，我们能把这把椅子定为汉代椅子吗？
显然不能。因为汉代根本没有椅子，这是
最起码的常识。

图123 《琵琶记》插图

利用古代绘画可以证实古代家具风
格。如：东晋顾恺之《女史箴图》描绘的
架子床、《列女传图》中描绘的屏风、北
齐《校书图》中的坐榻、唐卢楞伽《六尊
者像》中描绘的禅椅、供桌、供案、香几
等，都是非常可靠的资料。

明清绘画有的可以证实当时的家具风
格，如明代杜瑾的《古贤诗意图》中描绘
的大屏风，其特点是在屏框内侧以若干透
雕花纹界出一个仔框，仔框内才是屏心，或雕或画或镶嵌，屏座前后安抱鼓墩，内
有站牙。故宫博物院收藏有一件黄花梨木大插屏，造型特点与明画大体相同，可以
定为明代制品。还有一件明万历刊《琵琶记》板刻插图，**图 123** 描绘着一件高足
香几，高束腰，三弯腿，带托泥，六条曲腿弯曲甚大。而目前故宫收藏家具中有一
件黄花梨六腿高束腰香几，与此画描绘的香几极为相似，因此，完全可以将这件香
几定为明代制品。

除此之外，历代石窟寺的壁画、石刻，墓葬出土的冥器、壁画、砖刻等也有很
多家具资料，具有很高参考价值。

十、作伪手法

　　1990年前后，随着收藏热的升温，古典家具也和其他各类艺术品一样，大批赝品充斥市场，且作假手法也越来越高。部分利欲熏心的投机分子，甚至不惜破坏珍贵古家具原物，以骗取不义之财。古代家具的作伪现象，已成为每个家具收藏者、爱好者、研究者无法回避的问题。现介绍几种惯用手法供大家参考。

❶ 以次充好

　　以次充好现象主要表现在家具的材质方面。明清家具材质主要以紫檀木、黄花梨木、铁梨木、乌木、鸡翅木、花梨木和酸枝木制成。目前，广大收藏爱好者普遍缺乏对各类高档木材的认识，而投机者就利用这一点，将较次木材染色处理，假冒良木。如将黑酸枝冒充紫檀，或将普通草花梨木染色处理冒充紫檀，或将白酸枝或越南花梨冒充黄花梨木。还有红酸枝木，若论木质不亚于紫檀，于是又有人将坤甸木、波罗格、缅红漆等说成是红酸枝木。以次充好的原因无非是利益驱使，因为这些木材的价位依其材质差异悬殊甚大，如越南花梨和黄花梨，它们的价位相差十倍至十五倍以上。按前几年各类高档木材的价格，檀香紫檀（小叶檀）做椅类等小件家具的短材一般6.5万元至7.8万元一吨。做条案、长桌及柜类大件器物，长度在150厘米以上者，其价位在8万元至12万元一吨。而紫檀属的草花梨木，其价格就低得多，如缅甸产草花梨6000元至7500元一立方米，老挝产5500元左右一立方米，柬埔寨花梨3800元至4200元一立方米。黄花梨，海南岛特产，其做椅子等短材一般5万元至11万元一吨，而做大件的原木要15万元至50万元一吨。酸枝木种群中的黑酸枝木，带咖啡色或浅灰色的在6000元左右一吨，深黑色比重大者1.2万元至2.2万元一吨，缅甸、泰国产黑酸枝木最好，价位在2.5万元至3.2万元左右一吨，红酸枝，越南产（市场名称为越南花梨）1.2万元至1.6万元一立方米，泰国产2万元至2.8万元一立方米。白酸枝，缅甸产6000元至9000元一立方米。鸡翅木，非洲产3800元一立方米，缅甸产6000元至7500元一立方米。随着材料的短缺，各类木材的价格还要上涨，随时了解材质行情，对判断家具的价值至关重要。一般情况下，紫檀、黄花梨和酸枝木的纹理都很清晰、细密。凡纹理模糊不清的，或纹理粗糙的都应慎重对待。

❷ 拼凑改制

随着家具收藏热的升温，真正的明清家具原物已很少见到。然而广大收藏爱好者一味尚古，非要买旧的。这样就促使一些人专门到乡下收购古旧家具残件，经过移花接木，拼凑改制攒成各式家具。也有的古代家具因保存不善，构件残缺严重，也采取移植非同类品种的残余构件，凑成一件材质混杂、不伦不类的古式家具。

❸ 常见品改罕见品

之所以要利用常见古代家具品种改制成罕见品种，是因为"罕见"是古代家具价值的重要体现。因此，不少家具商把传世较多且不太值钱的半桌、大方桌、小方桌等，纷纷改制成较为罕见的抽屉桌、条桌、围棋桌。实际上，投机者对古代家具的改制，因器而异，手法多样，如果不进行细致研究，一般很难查明。

❹ 化整为零

利用完整的古代家具，拆改成多件，以牟取高额利润。具体做法是，将一件古代家具拆散后，依构件原样仿制成一件或多件，然后把新旧部件混合，组装成各含部分旧构件的两件或更多件原式家具。最常见的实例是把一把椅子改成一对椅子，甚至拼凑出4件，诡称都是旧物修复。这种作伪手法最为恶劣，不仅有极大的欺骗性，也严重地破坏了珍贵的古代文物。我们在鉴定中如发现有半数以上构件是后配，应考虑是否属于这种情况。

❺ 更改装饰

为了提高家具的身价，投机者有时任意更改原有结构和装饰，把一些珍贵传世家具上的装饰故意除去，以冒充年代较早的家具。这种作伪行为，同样也是一种破坏。

❻ 贴皮子

在普通木材制成的家具表面"贴皮子"（即包镶家具），伪装成硬木家具，高价出售。包镶家具的拼缝处，往往以上色和填嵌来修饰，有的把拼缝处理在棱角处。做工精细者，外观几可乱真，不仔细观察，很难看出破绽。需要说明的是，有些家具出于功能需要或是其他原因，不得不采用包镶法以求统一，不属于作伪之列。

❼ 调包计

采用"调包计"，软屉改成硬屉。软屉，是椅、凳、床、榻等类传世硬木家具的一种由木、藤、棕、丝线等组合而成的弹性结构体，多施于椅凳面、床榻面及靠边处，明式家具较为多见。与硬屉相比，软屉具有舒适柔软的优点，但较易损坏。传世久远的珍贵家具，有软屉者十之八九已损毁。由于制作软屉的匠师（细藤工）近几十年来日臻减少，所以，古代珍贵家具上的软屉很多被改成硬屉。硬屉（攒边装板有硬性构件），原是广式家具和徽式家具的传统作法，有较好的工艺基础。若利用明式家具的软屉框架，选用与原器材相同的木料，以精工改制成硬屉，很容易令人上当受骗，误以为修复之器为结构完整、保存良好的原物。

❽ 改高为低

为适应现代生活的起居方式，把高型家具改为低型家具。家具是实用器物，其造型与人们的起居方式密切相关。进入现代社会后，沙发型椅凳、床榻大量进入寻常百姓家。为了迎合坐具、卧具高度下降的需要，许多传世的椅子和桌案被改矮，以便在椅子上放软垫，沙发前放沙发桌等。不少人往往在购入经改制的低型古式家具时，还误以为是古人流传给今人的"天成之器"呢。

十一、古代家具价值的确定

　　古代家具年代的早晚，是确定价值的重要基础，年代越早的家具，相对来说价值也高。但这并不是绝对的，仅凭年代的早晚，不能全面、准确判断古代家具的价值。长期以来，社会上流传一种片面观点，即认为家具的年代越早，价值就一定越高，其实不然。就拿明清家具说，清代前期制作的家具，与明代家具在造型风格、结构、做工及用材等各方面相当一致，具有很高的艺术价值。就目前的鉴定水平，要想在无确切年款的情况下，分清哪些是明代的，哪些是清代前期的，尚难做到。所以，国内的一些家具研究权威，把明代与清代前期制作的家具统称为"明式家具"，在价值的确定上，两者基本上被一视同仁。清代前期的家具之所以可以与明代家具相媲美，享有同等身价，主要是它具有较高的艺术价值。这也说明了古代家具的历史年代，并不是鉴定其价值的唯一标准。

　　家具艺术，从某种程度上说是一种造型艺术。造型艺术的优劣，是决定家具价值的重要因素。由于古代家具是一种形体较大，立体感很强的历史艺术品，离开实物进行品评有一定的困难。所以，在目前缺少明代以前家具实物的条件下，对古代家具造型艺术的评价，主要以少量的明清家具为对象。目前，评价明清家具的造型艺术，在鉴定家、收藏家和学术界中，不仅有较一致的科学标准，而且也已被世人所接受。王世襄先生可谓科学品评家具造型艺术的集大成者，他在《明式家具的"品"与"病"》一文（见《明式家具研究》）中，巧妙地借用古人品评国画的尺子"品"与"病"，来评价明清家具，对家具的造型艺术标准，做了高度概括，从而把对家具造型的评判内容规范化、具体化，使得相互间的联系一目了然。王世襄先生提出的家具十六品是：简练、淳朴、厚拙、凝重、雄伟、圆浑、沉穆、浓华、文绮、妍秀、劲挺、柔婉、空灵、玲珑、典雅、清新；八病是繁琐、赘复、臃肿、滞郁、纤巧、悖谬、失位、俚俗。各"品"和"病"，上述文中均有详解，并附有实例以对照说明。掌握了家具的"品"和"病"，其造型的优劣和艺术价值的高下，自然也就分明了。制作工艺的水平，是衡量古代家具价值的又一把尺子，主要可从结构的合理性，卯榫的精密程度，雕刻的功夫等方面去考察。中国的传统家具向以结构合理著称，但在不少实例中，依然有着结构不合理的现象，即使是家具制作技艺达到顶峰时期制作的明式家具，也不例外。如一些家具的腿足、罗锅枨等部件的造型，没有顺应木性，极易在转折处断裂，此类家具在确定其价值时，就难免要打折扣了。传世的古代家具，大多是优质木材制作，其卯榫的连接一般来说质量较高，但也不乏粗制滥造之例。鉴定的方法主要可从卯榫的牢固程度和密合程度来看，一般来说，卯榫连接处紧固的，其做工一定比松动的要考究。此外，卯榫相交处的缝隙是否密合，不仅可反映制作时的操作水平，有时也可反映制作前对木材干燥处理是否草率。因为木材未经严格的干燥处理即用于制作，极易收缩、变形和豁裂，从而在卯榫及其他各方面大为逊色。古代家具的入眼处，往往是引人注目的雕刻部分。雕工的好坏，直接影响家具价值的高低。古代家具上的雕刻，一般分为透雕，平面实雕和立体雕三种。雕工的优劣，首先看形态是否逼真，立体感是否强烈，层次是否分明；再看雕孔是否光滑，有无锉痕，根脚是否干净，底子是否平整。总的来说，在评价家具的雕饰时除考虑工艺的难易和操作的精确度外，关键是要从整体是否具有动人的质感和传神的韵味。

在传世的古代家具中，绝大多数都是木材制作的，竹、藤、皮革、陶瓷等用其他材料制作的家具毕竟是少数。因此，分辨家具的材种的材质，对确定其价值具有一定的参考作用。

古代家具的用材珍贵度，一般排列顺序是：紫檀、黄花梨、鸡翅木、楠木、红木、铁力木、花梨木、新花梨、榉木等。如果是通体构件均用同一种材种制作的古代家具，根据上述木材珍贵度的排列，确定它在用材方面的价值，还是比较容易的。但在大量的传世品中，有的往往只是在表面施以美材，而在非表面处如抽屉板、背板、穿带等，使用一些较次的材种；也有的把上等木材贴于一般木材制成的胎骨表面，即"贴皮子"；还有的家具干脆以多种不同木材拼凑而成。对这些家具用材价值的确定，一要看它良材与次材在使用材积上的比例；二是看在家具的主要部位施用良材的情况。一件家具的良材材积，如在50%以上，一般即可以此种良材的名称命名该家具，如红木桌子、榉木椅子等。不过，有时匠师为了利用良材的短料、小料、边料或零料，虽在整件家具的材积上良材大于次材，但主要部位，也即需长料、大料、整料的腿足、面子、边挺等处，却施以次材，如此家具的用材价值，鉴定其材质也不容忽视。材质，在此主要是指同一种树的木料，因所在部位不同，或因开料切割时下锯的角度变化，在色泽、纹理上有着一定的优劣之别。如边材通常是逊于心材，疤结、分枝处的木纹不如无疵木纹来得美观。

传世的古代家具中，完好无损的并不多见，大量的是经过修复后的实物。因此，对古代家具修复质量的鉴定，是确定其价值的重要手段。古代家具修复的标准，应是"按原样修复"和"修旧如旧"。要达到上述修复标准，一定要采用传统的工艺、原有材种和传统辅助材料，再加上过硬的操作技术。鉴定古代家具的修复质量，首先可看原结构和原部件的恢复情况。凡结构、形式、风格、材种和做工与原物保持一致的，可视作高质量的修复。而那些在修复中已"脱胎换骨"、"焕然一新"和做工粗糙，依靠上色、嵌缝的，则属失败之例，原物价值受损。其次，要检查修复中是否采用了传统辅助材料，如竹钉、竹销、硬木销、动物胶等，是否被铁钉、化学黏合剂等现代材料所取代。采用传统辅助材料，能够保持古代家具易于修复的特点，对珍贵传世家具的保护，具有重要意义。

传世的古代家具，除大量经过修复的外，还有一部分是从未修复过的。这部分古代家具中有少量是完好无损之器，但大多数均有这样或那样的缺陷，如松动、散架、缺件、折断、豁裂、变形、腐朽等。因此，判别未加修复家具的保存状况，对价值的确定，也是不可忽视的环节。判定古代家具保存是否良好的原则，主要是看它的结构是否遭到破坏，破坏的程度如何，零部件是否丢损，丢损的数量多少。那些原结构未遭破坏，构件基本完整，仅是松动或是散架的，仍可算作保存完好，持有原物价值。而因缺件、折断、豁裂、变形和腐朽，必须更换构件的古代家具，就不能保持完整的原物价值。其价值高低，要看修复后主体结构的保存情况。

十二、古代家具的保养

对于高价购进的家具，如何兼顾实用性的同时，又不至于对古家具造成损伤，并进行有效的维护和保养，需要了解相关方面的知识。大体来说，古家具的保养主要注意以下几个方面：

（1）湿布是古家具的天敌。因为湿布中的水分和灰尘混合后，会形成颗粒状，一经磨擦家具表面，就容易对其造成一定的损害，而人们通常又意识不到其危害性，习惯用湿布擦家具。因此这一点尤其值得人们注意。那么古家具上积了灰尘，该如何清扫呢？最好用质地细软的毛刷将灰尘轻轻拂去，再用棉麻布料的干布缓缓擦拭。若家具沾上了污渍，可以蘸取少量水溶性或油性清洁剂擦拭。

（2）木制家具因为材质的原因，过度的阳光照射或潮湿，会损害其材质，造成木材龟裂或酥脆易折。因而要尽量保证古家具不遭受阳光过度照射，保持其干燥。

（3）在搬运古家具的时候，一定要将其抬离地面，轻抬轻放，绝对不能在地面上拖拉，以避免对它造成不必要的伤害，如脱漆、刮伤、磨损等等。

（4）古家具要经常上蜡保养。上蜡时要在完全清除灰尘之后进行，否则会形成蜡斑，或造成磨损，产生刮痕。蜡的选择也很重要，一般的喷蜡、水蜡、亮光蜡都可以。上蜡时，要掌握由浅入深、由点及面的原则，循序渐进，均匀上蜡。当然最理想的还是到专业厂家去烫蜡。

后记

　　写书难，把书写好更难。然而，一旦签了协议，写也得写，不写也得写，而且还得写好，不然则有负读者，于心有愧。我们是上班族，白天杂事缠身，写书全靠晚上，自我感觉确实辛苦。白天工作，晚上写书，一天到晚忙得不可开交，搞得我心急火燎，有时甚至烦躁不安。如今，书稿写完了，总算松了一口气，但细一琢磨，又觉得似乎有点遗憾，似乎不够理想。如果读者确实感到本书中有一些问题该说清却没有说清楚，确实存在诸多不妥之处，诚挚地请您批评指正。

胡德生

2003 年 11 月 1 日晚于灯下